八郎潟はなぜ干拓されたのか

はじめに

本書は2018年10月27日に秋田県五城目町の町民センターで行った講演「本当は知らない八郎潟干拓の話」の全文を記録したものである。講演の雰囲気を生かすために「ですます体」の話し言葉をそのままにした。

講演当日のことはよく覚えている。会場に来てくれた30名ほどの聴衆を前に私はとても緊張していた。八郎潟干拓の歴史については長い間少しずつ勉強してきたが、その話を人前でするのはこの日が初めてだったからだ。

干拓して大潟村を作った話はいくらでも聞ける。大潟村には「干拓博物館」という立派な施設があって、「干拓した側」の歴史は詳しく説明されている。希望すれば、村民のボランティアガイドの人から直接説明を聞くこともできる。

ところが、「干拓された側」である八郎潟周辺地域から見た干拓の歴史の話を聞くことはほとんどできない。いや、そもそも「干拓された側」の歴史があったことすらほとんど知られていない。

少し言葉を整理しておこう。八郎潟干拓とは八郎潟を干拓して大潟村を作った大規模地域開発のことだが、この事業は国営だったので、「干拓した」主体は国であり、「干拓された」のは八郎潟だということになる。しかし、干拓前の八郎潟は豊かな自然資源に恵まれており、その資源を利用して数万人の人々が生活していた。その人たちは干拓によって、八郎潟の資源を利用することができなくなった。その代表が漁民をはじめとする八郎潟漁業で生計を立てていた人々である。本書で

「干拓された側」というのは、八郎潟周辺に住むそうした人々のことを指している。

「干拓された」という言葉の「された」には「被害」の意味がある。「盗まれた」とか、「無視された」などの例を思い浮かべれば理解してもらえるだろう。「干拓された」という言葉には「自分たちは八郎潟干拓を望んでいなかったのに、不本意ながら干拓されてしまった」とか、「自分たちが望まない干拓をされてしまった」というような意味を込めている。

私が20年以上勉強してきてこの日語ろうとしたのは、このような「干拓された側」から見た八郎潟干拓の歴史だった。ほとんど先行研究がないテーマで、たくさんの文献から見つけた断片的な記述を紡ぎ合わせて、自分なりのストーリーが見えてくるまで長い時間がかかった。この日の講演時間は2時間ほどだったので、細かい話は省略して要点を12の仮説にまとめ、あらすじだけをきちんと伝えようとした。

分かりやすくまとめられたと思うが、逆に細かい書き込みが十分できなかったために「議論が一面的だ」とか、「違う見方もできる」という疑問を持たれる方もいるだろう。感想や意見をお聞かせいただければ、今後の改稿に生かしていきたい。

本書はこの時の講演をそのまま文字起こししたが、それだけでは本書の意図が十分理解されないのではないかと考えて「解説」を追加した。また、このテーマに興味を持った方のために「ブックガイド」を加筆した。本書がきっかけになって、八郎潟干拓が周辺地域にどんな影響を与えたのかについて広く知られるようになれば幸いである。

本書は「八郎潟・八郎湖学叢書」（叢書は英語でシリーズの意味）の第2巻として出版される。この叢書を企画しているのは「八郎潟・八郎湖学研究会」である。私が言い出しっぺとして会長を務めているが、副会長の天野荘平さん、幹事の杉山秀樹さん、高橋秀晴さん、石井正己さん、植村円香さん、事務局の八柳知徳さんには立ち上げからの同志として研究会の運営に参加していただいている。また、（お名前は記さないが）熱心に参加していただいている会員の方々および私の勤務先である秋田県立大学に対してこの場を借りて感謝の気持ちをお伝えしたい。

「八郎潟・八郎湖学叢書」の出版を引き受けていただいたのは秋田魁新報社出版部の大和田滋紀さんだった。当初は2019年に出版する予定だったが、私の都合で大幅に遅れてしまった。その間に大和田さんは退職され、後任の生内克史さんの手で本書が世に出ることになった。両氏のご尽力に厚くお礼申し上げます。

八郎潟はなぜ干拓されたのか

［目　次］

第2部

第3部

［表紙写真］広々とした八郎潟。左側のオールを突き出したボートのように見えるのが干拓用の試験堤防。その下に浮かぶのは湖底の泥をくみ上げるサンドポンプと、泥を送り出す水上管。奥は男鹿半島（1959年春）

Ⅰ　本当は知らない八郎潟干拓の話

——２０１８年、八郎潟・八郎湖学研究会「現地セミナー」基調報告

序

今日は「八郎潟はなぜ干拓されたのか」というお話をします。

しかし、今日ここに集まってくださった皆さんの中には「なぜ、今八郎潟干拓の話をする必要があるのか」という疑問を持っている方がきっといるでしょう。干拓工事が始まったのは1957（昭和32）年ですから、もう60年もたっています。「そんな昔のことを蒸し返してどうなるんだ」と感じるのは当然のことです。そこで、今日の本題に入る前に、今日の講演会を主催した「八郎潟・八郎湖学研究会」のお話から始めたいと思います。

八郎潟・八郎湖学研究会の立ち上げ

「八郎湖の水質改善」や「八郎湖の再生」ということがこの地域の大きなテーマとなっており、秋田県も地域住民の方々も一生懸命取り組んでいますが、水質が良くなる兆しはなかなか見えてきません。また、アオコの問題も、毎年夏になると住民から悪臭の苦情が出るという状況がずっと続いています。

私も20年ほど八郎湖の問題に関わってきましたが、専門が社会学という文系の学問なので、水質を測ったり、生き物の調査をしたりという理系的なことは専門ではありません。この行き詰まった八郎湖の水質の状況に対して、自分に何ができるだろうとずっと悩んできたのですが、昨年ごろから「『八郎湖』ということにとらわれるからダメなのではないか」と思うようになりました。つまり、干拓前、ここには「八郎潟」という素晴らしい宝物がありました。いや、「宝物」なんていう言葉では足りないかもしれません。地域の人々にとって、八郎潟は「ふるさとそのもの」だったような気がします。

その証拠に、八郎潟について語るときには、地域の皆さんは本当に懐かしそうに、楽しそうに、誇らしげに語ります。でも、これが八郎湖の話になると、急に難しい話、言いにくそうな話になってしまうのです。無理もありません。今の八郎湖は誇りに思えるどころか、「水が汚い」「アオコが臭い」という負のイメージがべったり貼りついてしまっています。

そもそも「八郎湖」という名前だって、正式な行政用語ではありません。正式な名前は「八郎潟残存湖」とか「調整池」というのです。なぜこんな呼び名にしたかといえば、干拓した時、関係者の頭には陸地化されて生まれた広大な「大潟村」しかなく、残された水面は農業用水の取水池や洪水防止の調整池としてしか見えていなかったからでしょう。「八郎湖」という名前は通称です。干拓された後、残された水面をもう「八郎潟」と呼ぶことはできなくなりました。しかし、「残存湖」や「調整池」と呼んだのでは、湖に対する自分たちの心を込めることはできません。そこで、誰が言い出したのか分かりませんが、「八郎湖」という呼び名が自然に広まったのだろうと思っています。

そんなことから「八郎湖だけを見て、その再生を考えるだけでは本当の解決にはつながらない」と考えるようになりました。なぜなら、八郎湖自体が既に傷つき、ゆがめられた存在だからです。

このことから、私は「そうか、この地域には八郎潟がずっとあったんだ」という当たり前の事実にやっと気が付きました。八郎潟の存在を無視し、干拓後の八郎湖だけに焦点を当てて対策を進めてきたことが根本的な間違いだったのではないだろうか。干拓前の八郎潟と現在の八郎湖を分けずに、連続したものと考えなければならないのではないだろうか。そんなことを考えているうちに、「八郎潟・八郎湖」という言葉を思い付きました。

そして、私は研究者ですから、研究者として「八郎潟・八郎湖」に対して何ができるだろうかということを考えた結果、この「八郎潟・八郎湖」を研究して、その価値を再評価する新しい学問を作るべきだという思いに至りました。こうして「八郎潟・八郎湖学の創造」というテーマにたどり着いたのです。

「八郎潟・八郎湖の価値を再評価する」というのはどういうことかというと、干拓前の八郎潟にはあったが現在は忘れられている価値や、現在の八郎湖にもあることはあってもみんな気付いていない価値を掘り起こして、調査して、改めて評価して、社会に発信しようということです。

八郎潟・八郎湖にはどんな価値があるでしょうか。おそらく最大の価値は魚や貝などの水産物でしょう。潟の魚といえば、ワカサギやシラウオはもちろんのこと、フナ、ゴリ（ハゼ）、シジミなど、干拓前を知っている人ならそのおいしさをご存知でしょう。今ではその価値は埋もれてしまっていますが、これをきちんと調査して評価して発信したい。干拓後に生まれた若い世代にも伝えたい。潟の魚がまた見直され、食べる人が増えれば、八郎湖の漁業の復興にもつながっていくでしょう。魚は一例ですが、こんな見通しを持っています。

そして、「八郎潟・八郎湖学」を研究する研究会を作ろうと思って呼びかけたところ、ありがたいことに民俗学の天野荘平さん、水産学の杉山秀樹さん、文学の高橋秀晴さん、文学と民俗学の石井正己さん、地理学の植村円香さんが賛同して呼びかけ人になってくださいました。この仲間で約8カ月、月に1回ずつ集まって準備をして、今年（2018年）3月、「八郎潟・八郎湖学研究会」を立ち上げたという次第です。

1年目の活動

できたばかりの研究会ですから、1年目はスタートダッシュでいろいろな活動をやってきました。最初にやったのは、6月に秋田県立大学の図書館に、八郎潟と八郎湖に関する文献を全部集めて、まとめて本棚に置いてもらうという取り組みでした。これを「八郎潟・八郎湖アーカイブ」と呼びました。「アーカイブ」というのは英語で「所蔵庫」という意味です。県立大学の図書館の入り口に一番近い棚にこのコーナーはあります。県立大学の学生や教職員以外の一般の方も、手続きさえしていただければ無料で借りられますので、一度足を運んでいただければうれしいです。今日、私の講演で使う古い資料もそのアーカイブから持ってきたものです。

7月には高橋秀晴さん、先ほど紹介した文学の先生を案内役として、八郎潟・八郎湖周辺地域にある文学関係の碑などをめぐる「八郎潟文学散歩」という新しいツアーを行いました。これはこの地域でまったく初めての企画だったと思います。

9月には天野荘平さんを案内役にして、干拓前の潟船・漁撈《ぎょろう》用具が収蔵されている「潟の民俗展示室」「八郎潟漁撈用具収蔵庫」「うたせ館」を見学し、これらの文化財としての価値を再評価し、どう活用するかについて議論しました。

また10月は、杉山秀樹さんを案内役として、「八郎湖の水産業の現在を考える」ということで、潟上市の塩口漁港でシラウオ、ワカサギの水揚げの現場を見学し、千田佐市商店という佃煮屋さんで水揚げされたばかりのワカサギを加工する現場を見てから、午後は実際に安田貞則さんの漁船に乗せていただいて「シラウオ角網漁」の現場を見るという、魅力的な体験ツアーを行いました。

そして今日、私の番になりました。今年度の活動は、呼びかけ人1人が自分の研究テーマにからめて一つのイベントを企画・実行するということでやってきました。そこで私は今日何を話そうかといろいろ考えましたが、「八郎潟と八郎湖をつなぐ」ということを考えるためには、干拓のことはどうしても避けられないと考えました。

そこで今日は「八郎潟干拓とは一体何だったのか」「どうして干拓はこのような形になったのか」ということを、私が調べ得る限りの資料を基にしてお話ししたいと思います。

私と八郎潟との関わり

本題に入る前に、私自身がどうして八郎潟や八郎湖と関わるようになったのかということをお話ししましょう。私は、時には地産地消の話をしたり、時には有機農業の話をしたりしていますが、実は八郎潟にも20年くらい関わってきました。

最初の縁は、秋田県立農業短期大学に講師として採用されて、大潟村に住み始めたことにありました。農業短大は大潟村にあり、教員が住む官舎も大潟村の中にありました。したがって、私は一日中ずっと大潟村で暮らすという生活をしてきました。大潟村に住んで、大潟村の人たちとお付き合いしながら八郎湖のことを少しずつ勉強してきました。途中いろいろな経過があって、2001年に大潟村が「環境創造型農業宣言」を出した時、私はこの宣言を作る起草委員会の副委員長を務め、宣言文の草稿を書きました。

宣言を作った後に、村の若い人たちと「大潟村環境創造21」という環境団体を作って活動しました。その活動を通じて、大潟村の農家の人たちが八郎湖に対して複雑な思いを持っているようだと感じるようになりました。まず、多くの農家は八郎湖の水質が悪くなっていることを大変心配している。しかし、なかなかそれをストレートに口に出せない。

それにはいろいろな理由があったかと思います。自分たちが販売している米の販売に悪い影響が出るのではないかとか、あるいは自分たちが、八郎潟を干拓して作った村に来た人間だからとか、そういう被害者と加害者の意識が入り混じった複雑な思いがあって、八郎湖についてはあまり口を開いてもらえませんでした。

もちろん、中には八郎湖を何とかしようと積極的に立ち上がった人たちもいました。そういう方たちとはずっと一緒に活動をしてきました。でも、全体としては、そういう人たちはいつまでも少数派で、活動に参加する人は増えず、八郎湖に関するいろいろなイベントを企画しても、村の人にはあまり来てもらえませんでした。

そんなことをしているうちに、１９９９年に秋田県立大学が開学して、翌年に私は農業短大から県立大学に移りました。それまで大潟村の中から八郎湖を見ていたのが、今度は秋田市に引っ越して、八郎湖と大潟村を外から見る立場になったのです。

次の変化は２００２年に訪れました。秋田県の出先機関である秋田地域振興局の中から、八郎湖の問題に新しく取り組もうという動きが出てきました。「環八郎湖・水の郷創出プロジェクト」というもので、これは「住民の参加によって八郎湖を再生させよう」という画期的な取り組みでした。私はその取り組みに最初から関わることになり、現在まで16年間、この関わりは続いています。

周辺地域の視点

私がこれまで細々と勉強してきた干拓の話をするのは今日が初めてです。これから本題に入るわけですが、八郎潟干拓の工事が始まったのは１９５７（昭和32）年で、今から61年前のことです。私は昭和31年生まれなので、ちょうど私が生まれた頃に着工したということになります。

そういうと「61年前の話をして何になるの」と感じる方も多いでしょう。でも、本当にそうでしょうか。私たちはいつも次から次へと新しい課題を突き付けられて、未来に向かって走り続けています。日本全体もそうですね。

例えば、少子高齢化で労働力が足りないから、移民を入れなければいけない、定年を延ばさなければいけないとか、その場その場の対症療法のようなことばかりをずっと続けている。しかし、なぜ少子高齢化になったのか、人口が減ることがそんなに悪いことなのかという根本的な議論は置き去りのままです。やはり過去にさかのぼって問題の原因を突き止め、それを頭に置いて未来の課題に対処するという姿勢を取るべきではないでしょうか。

八郎湖も同じです。水質悪化、アオコ問題、漁業の衰退などの課題がずっとあって、それを解決するために、予算を付けてあれこれ対策を講じてきましたが、なかなか全体の解決が見えてこないのはどうしてでしょうか。現在の八郎湖問題の原点が干拓にあるのは明らかです。だから、もう一度干拓について考える必要があるのではないかと思って、今日は干拓の話をします。

とはいえ、漠然と干拓の話をするつもりはありません。漠然と干拓について振り返るだけでは、やはり問題が浮き彫りにならないだろうと思います。視点を明示する必要があると思います。

そこで、今日は「周辺地域にとって、干拓とは何だったのか」という視点から話します。そういうと「なぜ周辺地域から見るのか」という疑問が浮かぶ方もいるでしょう。だから、その理由も合わせて説明しておきましょう。

干拓を見る視点には、もう一つ「大潟村から見る」という視点があります。それは干拓地に入植した農民たちの視点です。例えば干拓博物館とか、大潟村50周年を記念して発刊された『大潟村史』という立派な村史の中に既にはっきり示されています。干拓地・大潟村に入植した人たちは、自分たちの干拓の歴史を語り続けています。

しかし、周辺地域の住民たちはどうでしょうか。大潟村の視点が「干拓した側」の視点だとすれば、周辺地域の視点は「干拓された側」の視点になると私は思います。この「干拓された側」の視点から干拓を振り返るということは、私が知る限り、これまでほとんど誰もやってこなかったように思います。少数ながら貴重なその仕事をした人たちはいました。今日の講演資料を作るに当たって、秋田大学八郎潟研究委員会・半田市太郎編『八郎潟―干拓と社会変動』には本当にお世話になりました。後で詳しく紹介しますが、それ以外にはまとまった研究や著作はないように思います。もしあったら教えて下さい。

「干拓しなきゃよかったんだ」

それではなぜ、「干拓された側」から語られる干拓の歴史が書かれなかったのでしょうか。大潟村から秋田市に移り住んで、八郎湖の周辺地域の住民とお付き合いするようになって感じるのは、干拓や大潟村に対して屈折した思いを抱いている人が多いようだということです。特に印象的だったのは「干拓しなければよかったんだ」という言葉がいろいろな場で漏れ聞こえることでした。昼間の公の場ではほとんど出ませんが、お酒を飲んだりしていると「干拓しなければよかったんだよな」とか、「干拓しなければ今頃こうだったんじゃないか」というような話は今でもよく聞きます。

しかし、私はよそ者なので、最初はこういう話を聞いても「ふ〜ん、そうなんですね」と他人事としてしか理解できませんでした。でも、だんだん周辺地域との関わりが深くなるにつれて「干拓しなきゃよかった」という言葉を聞く回数も多くなり、この言葉の底にある、「暗い後悔の念」と呼べばいいのか、「怨念」と呼べばいいのか分かりませんが、それがとても重要な問題を私たちに訴えているのではないかと考えるようになりました。

だって、干拓が始まって60年経っても薄れていかず、ずっと人々の胸の奥にマグマのようにたまっていて、酒を飲むと溶岩のようにほとばしり出てくるわけでしょう。よく考えると、とんでもないものがそこに潜んでいると考えていいのではないでしょうか。

周辺地域の住民の方たちが「干拓された側」の歴史を語らなかったことと、この「暗い後悔の念」はつながっているのではないでしょうか。これは研究者としての私の仮説ですが、こういう仮説を頭に置いて、干拓の話を始めようと思います。

講演のあらすじ

今日の講演は大変長いので、ちょっと大げさですが、全体を三つに分けました。第1部は「干拓前史」です。干拓前史は「石器時代から」としましたが、実は八郎潟周辺には石器時代から人間が住んでいたという記録があります。従って、八郎潟の歴史は石器時代から始まるとしました。そして干拓の計画づくりが始まった1952（昭和27）年までを干拓前史としました。

第2部は計画開始から漁師の反対運動が終わるまで、昭和27年から30年までのわずか4年間です。第1部が石器時代から数千年あるのに、第2部はたったの4年なのはバランスが悪いように思うかもしれませんが、第2部の4年間は大潟村と八郎湖の構造が決まった非常に重要な時期でした。またこの4年間は漁業者の大変激しい干拓反対運動が起こった時期でもありました。漁業者の干拓反対運動というと、よく引き合いに出されるのが当時の小畑勇二郎知事が漁業者の反対大会に来て、万歳三唱してまとめたというような話は伝わっていますが、私が今日注目したいのは、実は地元に干拓に賛成する動きもあったということです。反対する動きだけではなく、干拓を推進する動きもあった。それもかなり強力な動きでした。どうして地元に干拓反対だけでなく、干拓推進の運動が出てきたのかということに注目して第2部の話をします。

- **第1部　干拓前史**
  （石器時代～1952年（昭和27年））
- **第2部　計画開始から干拓反対運動終了まで**
  （1952～55年（昭和27～30年））
- **第3部　工事着工から第1次入植開始まで**
  （1957～66年頃（昭和32～41年））

　最後の第3部は干拓工事が着工されて以降の話です。干拓工事が始まったら話はそれで終わりではないかと思うかもしれませんが、そうではありません。大潟村にとっては工事が着工されたあと、八郎潟は干陸され、大潟村が開村し、入植が始まる——という風に進んでいきましたが、この時期、周辺地域では二つの大問題が起こっていました。

　一つは漁業補償の問題です。干拓直前には八郎湖で漁をしていた漁業者は約3千人いたと言われていますが、干拓によって漁業ができなくなりますので、漁業者は「漁業権を放棄する」、つまり漁業をする権利を放棄することを余儀なくされました。漁業権を放棄する見返りとして補償金をもらうことになったわけですが、この補償金の配分を巡って周辺地域では大混乱が起こりました。それが一つ。

もう一つは、漁業者が干拓反対をやめて賛成に変わった時、漁業権を放棄する代わりに漁業者は農地をもらえるという約束があったことです。実は、干拓計画が作られた頃、新たにできる大潟村には地元の漁業者、それから地元の農家の二男・三男を優先的に入植させるという約束がありました。「干拓地ができたら、地元の漁業者と農家の二男・三男を優先的に入植させるから干拓に賛成して下さい」と説得して、地元の同意を取り付けたのですね。当時は農家の家と農地は長男が相続するので、二男・三男は家を出ていくしかない時代でした。まだ昭和27年ごろですから、高度経済成長の前です。集団就職が本格化して中学生、高校生が「金の卵」と呼ばれて、東京に大量に出て行くようになる時代の少し前の話です。

ところが、大潟村が完成して、入植者を決める議論が進んでいくうちに、「この村には全国から優秀な若手農家を入植させるべきだ」という主張が強くなり、地元の漁師や農家の二男・三男が入植できる余地はどんどん狭くなっていきました。この二つの問題を中心に、第3部のお話をします。

参考にした文献

この講演の準備のために、たくさんの本や論文を読みました。先ほど言いましたように、周辺地域の立場から干拓を研究した本はほとんどないということが分かりましたが、幸い、秋田大学八郎潟研究委員会・半田市太郎編『八郎潟―干拓と社会変動』という素晴らしい研究書と出会いました。

秋田大学の先生たちが八郎潟干拓について書いた立派な研究書が2冊あります。1冊は『八郎潟の研究』という地質学から民俗学にまで渡る学際的な本で、もう1冊が社会科学や人文科学の先生が書いた『八郎潟―干拓と社会変動』です。この『八郎潟』という本は八郎潟干拓について、日本近世史、人文地理学、社会学、社会心理学、教育学、教育社会学などの立場から事実を非常によく調査されて、そのデータに基づいて書かれています。ですから、信頼性は高いと考え、今日の話はもっぱらこの本を参考にしています。

特に、第1章の半田市太郎による「近世期における八郎潟周辺農漁村」。「近世」というのは江戸時代のことですね。つまり明治以前の江戸時代に八郎潟の周辺農漁村はどうだったのかについて書いてある章。それから第2章は北条寿の「明治以降の八郎潟湖岸農漁業」。そして、干拓について一番集中的に書いているのが、第3章、片野健吉の「八郎潟干拓と周辺地域の社会変動」です。今日はこの三つの章を主に扱います。

それから、今日のお話は歴史の話ですので、登場する人物も引用する文献の著者も敬称をつけませんので、ご了承下さい。

それ以外に参考にした本としては、富民協会が出した『国土はこうして創られた』。富民協会は毎日新聞社系の協会で、どうも新聞記者の人が書いたようですが、誰が書いたか書かれていません。干拓のさまざまな重要な場面について、個人名を挙げて、「誰がこう言った」とはっきり書いてあります。この本の執筆者や取材方法についてはこれから詰めていく必要がありますが、今日はこの本を信頼して、あちこちで引用していきます。

それ以外には、佐野静代の『中近世の村落と水辺の環境史』、千葉治平の『八郎潟―ある大干拓の記録』なども参考にしました。千葉治平は直木賞を受賞した有名な作家ですね。これからお話しする内容は、私の責任でお話しするわけですが、その根拠となる事実をどこから引用したのかをできる限り示していきます。

12の仮説

今日は長い話をするので、「聞いているうちに何の話をしているのか分からなくなった」ということがないように、最初に話の要点を12の文章にまとめました。

これらは全て私の考えをまとめたものです。そんなに間違っていないと思いますが、やはり私の先入観や思い込みにとらわれているところがあるでしょう。ですから、皆さんは私の言うことをうのみにせず、「谷口はあんなこと言っているけど、本当かな」という疑問を持って聞いてください。そして、もし私が間違っているところがあったら、ぜひ教えて下さい。

「八郎潟・八郎湖学研究会」は文字通り「研究会」ですから、そうした批判を謙虚に受け止めて、私たち研究者が知っている知識と、皆さんが知っておられる知識を足しながら、より完全な干拓の歴史を作り上げていきたいと思っています。

まず第1部「干拓前史」の要点は次の三つです。
①八郎潟の周辺には、石器時代から人間が住みついていた。彼らは沿岸の低湿地帯に住み、稲作と漁業を組み合わせた「半農半漁」の生活を送っていた。
②八郎潟の干拓は江戸時代から始まっていた。それは人力で水辺を干拓して水田を広げる「地先干拓」だった。
③明治以降、国家主導の干拓事業が少なくとも4回計画されたが、その都度地元の反対運動や社会情勢の変化によって実現しなかった。

第2部の4年間についての要点は次の五つです。
④この5年間は干拓をめぐる攻防のピークだった。計画の完成、反対運動と推進運動の激しい対立を経て、干拓反対運動は1955(昭和30)年に終結した。
⑤干拓計画は、過去の計画案を取捨選択して「ヤンセン案」にまとまった。この「ヤンセン案」に水質悪化と漁業衰退の原因が含まれていた。
⑥地元では、激しい反対運動とともに干拓推進運動も起こった。両者の対立の背景には、漁業

継続か農業振興かという考え方の違いがあった。

⑦もし今、干拓が計画されたとすれば、「環境を守れ」という強力な反対運動が起きただろう。だが当時は環境保護という言葉や意識はなく、環境保護という運動は起こらなかった。

⑧対立の争点は「漁業の存続か農業の振興か」の二項対立に絞られた。

第3部の要点は次の四つです。

⑨干拓工事が始まってから、漁業者への補償と、新しく建設された大潟村の農地配分が周辺地域にとっての大問題だった。

⑩漁業補償では国の提示した金額が個人によって大きく違い、地域で大きなしこりを残す結果となった。

⑪農地配分では、当初地元農家の二男・三男を入植させるはずだったのが、工事が進むにつれて、全国から優秀な農民を集める「モデル農村」へと計画が変更されていった。

⑫この変更は周辺住民の失望と抗議を生み、干拓後の大潟村と周辺地域の心理的壁を生み出す結果になった。

第1部

石器時代から続いてきたこの地域

図1を見て下さい。これは八郎潟周辺に人が住んでいたという一番古い記録だと思います。『八郎潟』第1章の11ページに出てきます。●（黒丸）が付いている所が、石器時代の遺跡がある所を示しています。潟西（旧若美町）の角間崎、鵜木、松木沢、本内、福米沢から野石にかけて遺跡が点々とあるのが分かります。南では天王、湖東部では琴丘、山本から八竜にかけて石器時代の遺跡があるようです。

半田の解説によると、八郎潟の周辺には石器時代から人間が住みついていた。多くの遺跡は、八郎潟のすぐ水際ではなく、少し高台の丘陵地帯にあったので、石器時代の人たちは比較的高台に住んでいたと思われます。それが4世紀くらい

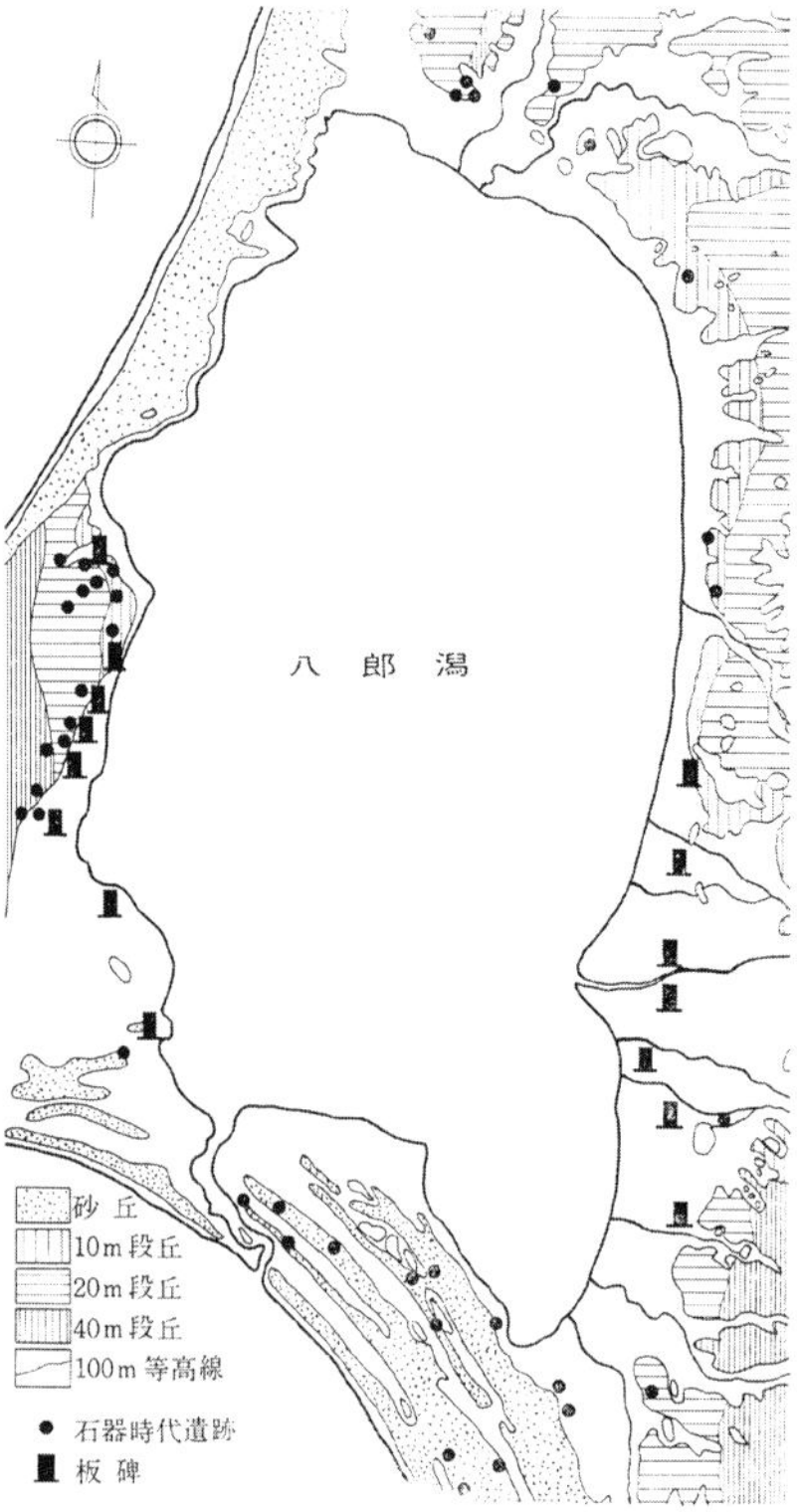

図1　遺跡分布図

になって稲作が始まると、湖岸の低湿地帯に移り住むようになりました。稲作は水が必要なので、人々は低湿地帯に住んで稲作をしながら暮らすようになったと考えられます。

それから千年ほどたって、14世紀になると、八郎潟周辺には「板碑」というものが建てられるようになりました。「板碑」とは「死者の菩提のため、また願主の逆修のための碑」のことですが、これには建立した年が彫られているのでいつ建てられたのかが正確に分かるそうです。半田によると、八郎潟周辺には合計86基の板碑があり、それらは「北部・西南部を除く潟周辺村落のほぼ全域にわたって分布」しています。つまり、14世紀というのは鎌倉時代から室町時代に当たりますが、その頃には既に八郎潟近くの低湿地帯全域に大勢の人が住んでいたことが分かります。

図2は、近世、つまり江戸時代の八郎潟周辺の地図です。江戸時代は１６０３年から１８６８年までの２６５年間を指します。この地図を見ると、江戸時代には現在の集落のほとんどは存在していたことが分かります。例えば八郎潟辺りには一日市、夜叉袋、真坂、野田、大川、今戸など

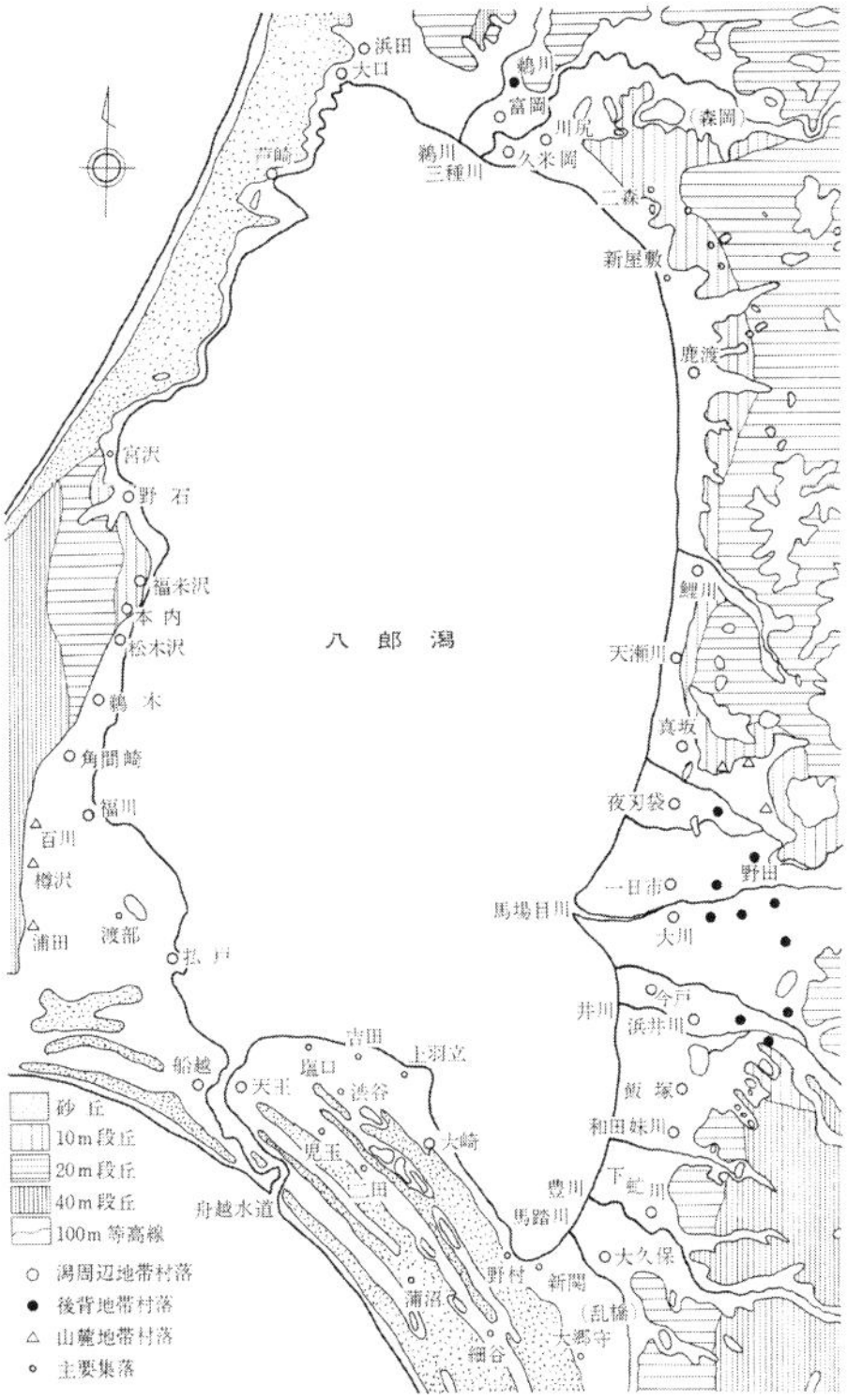

図２　近世村落・主要集落図

の地名が見られます。従って、この地域に今ある集落のほとんどは江戸時代、あるいはもっと前からあった。少なくとも500年以上続いてきた地域だということなんですね。そして大きな集落のほとんどは湖岸の低湿地帯にあった。ということは、人々はその時代から潟のほとり（潟端）に住んで、稲を育て、魚やシジミを獲って暮らす「半農半漁」の暮らしをしてきただろうということです。

周辺地域から干拓を考える場合、人々と八郎潟とは千年を超えるつながりがあるというところから出発したいと思います。稲作伝来から数えたら1700年、江戸時代から数えて500年、どちらの物差しを使ってもらっても結構ですが、どちらにしてもよく考えると気が遠くなるような時間ですよね。そんな長い時間、皆さんの祖先はこの地に住み続け、「半農半漁」の暮らしを続けてきたわけですね。その長い歴史、文化、思いや感性はこの地域と、皆さんの心と体に深く深く刻み込まれているに違いないと私は思います。

半農半漁生活の「技術革新」

さて、半農半漁の暮らしと言うと、「農作業の合間に潟に釣りに行く」というようなのんびりした暮らしを想像するかもしれませんが、実際は大変厳しい暮らしでした。漁に行っても魚が獲れなければ食べるものにも事欠き、稲作についても低湿地帯は洪水が出たり、水に浸かったりと条件が悪かったため、収量は低く不安定でした。

ですから、おそらく半農半漁の暮らしは何とかして漁業の漁獲量と稲の収穫量を上げようという、絶えざる工夫と努力の生活だったと思います。「技術革新」という言葉は20世紀の資本主義・産業主義の中で生まれた言葉なので、資本主義とも産業主義とも縁のなかった八郎潟の半農半漁の暮らしに使うのはふさわしくないようにも思うのですが、ほかに適当な言葉が思い付かないので、仕方なしに技術革新という言葉を使います。

半農半漁の生活を少しでも豊かにしようと、農漁民の中から、無数の漁業と農業の技術革新が生まれていきました。漁業における技術革新とは、多彩な漁法・漁具の発達という形を取りました。この分野は天野荘平さんと杉山秀樹さんの専門ですので、お二人からの受け売りですが、八郎潟は日本海とつながった汽水湖だったので、淡水と海水が混じり合う汽水域、淡水域、そして流入河川という3種類の水域を持ち、豊かな魚類が生息していました。漁師たちは多彩な魚を捕るために多種多彩な漁法を編み出し、漁撈用具を一人一人が作り出していました。

今日は農業の話を中心にしなければならないのですが、漁業の技術革新の話も忘れてはいけないと思って、一つだけエピソードを紹介します。話が先に行きますが、八郎潟干拓が決まって漁業補償の手続きが始まった頃の話です。補償金をもらうために、漁師たちは自分たちの漁撈用具を役所に見せて「このくらいの漁撈用具を使っていたから、このくらいの漁獲量があった（だから補償金はこのくらいになる）」という交渉をしたのですが、それを担当した県職員の次のような証言が残っています。

「いやあ、八郎潟にはおどろきましたなあ。どこから出てくるか湧いてくるかしれないが、おびただしい網や漁撈具です。およそ二、三百年も昔のものでしょうか。われわれの見たことも聞いたこともない道具が現れてきました。これを一軒一軒回って集めて封印し、学校の雨天体操場や漁業組合の倉庫に運んでいきました。そして一品一品記帳し、評価額を決め、調査の終わったものから封印を解いて返却したわけです。が、なんと舟だけで千二百艘、網や漁具にいたっては八郎潟全体で20万点を越したのです。われわれも天文学的数字だといってびっくりしてしまったのです」（千葉治平『八郎潟』、85～86ページ）

それでは農業の技術革新はどんな方向に向かったのでしょうか。江戸時代は米が経済の基本でしたから、農業の技術革新は米の増産に向かいました。半田によると、秋田藩の奨励もあり、江戸時代には新田開発（荒野を開墾して水を引き、新しく水田を開くこと）が盛んに進められていました。新田開発の方法には、高台にため池を作って、その下の森を開拓するという方法と、八郎潟の岸辺に干拓地を作るという方法の二つがありました。

さて、ここで「干拓」と「地先《ちさき》干拓」という言葉が出てきます。八郎潟の干拓というと、この講演で取り上げるあの大干拓をイメージされるかもしれませんが、歴史的には潟のほとりの水際を少しずつ乾かして陸地にするという干拓の方法もあったのです。潟に向かって陸地を増やすという意味で「地先」という言葉を付けることも多いのです。

そして、実は大干拓計画以前から、八郎潟では米の増産のために、地先に干拓地を作って農地を増やそうという取り組みが営々として続けられてきたのです。しかし、江戸時代の新田開発は専ら高台の森を切り開く方の開発が行われていて、湖岸の「地先干拓」は個人単位のごく小規模なものでした。地先干拓が飛躍的に広がるのは明治時代になってからでした。

明治時代に広がる地先干拓地

『八郎潟』の第2章を書いた北条によると、地先干拓の方法には主に三つあったそうです。一つ目は、湖岸の水田の先の水の中にヨシを植え、土砂がそこに堆積するのを待って地先を少しずつ延ばしていく方法。つまり水辺にヨシを植えて、ヨシの周りに泥がたまった頃を見計らって土にしていく方法ですが、大変時間がかかったそうです。それから「輪中様式」。これは今の近代的な干拓の原型と言っていい方法で「まきだて田」とも呼ばれていました。水辺に土で防波堤を作って囲い、中の水をかき出して陸地化する方法です。3番目は砂丘を掘り崩して、地先を埋め立てる「埋立様式」。

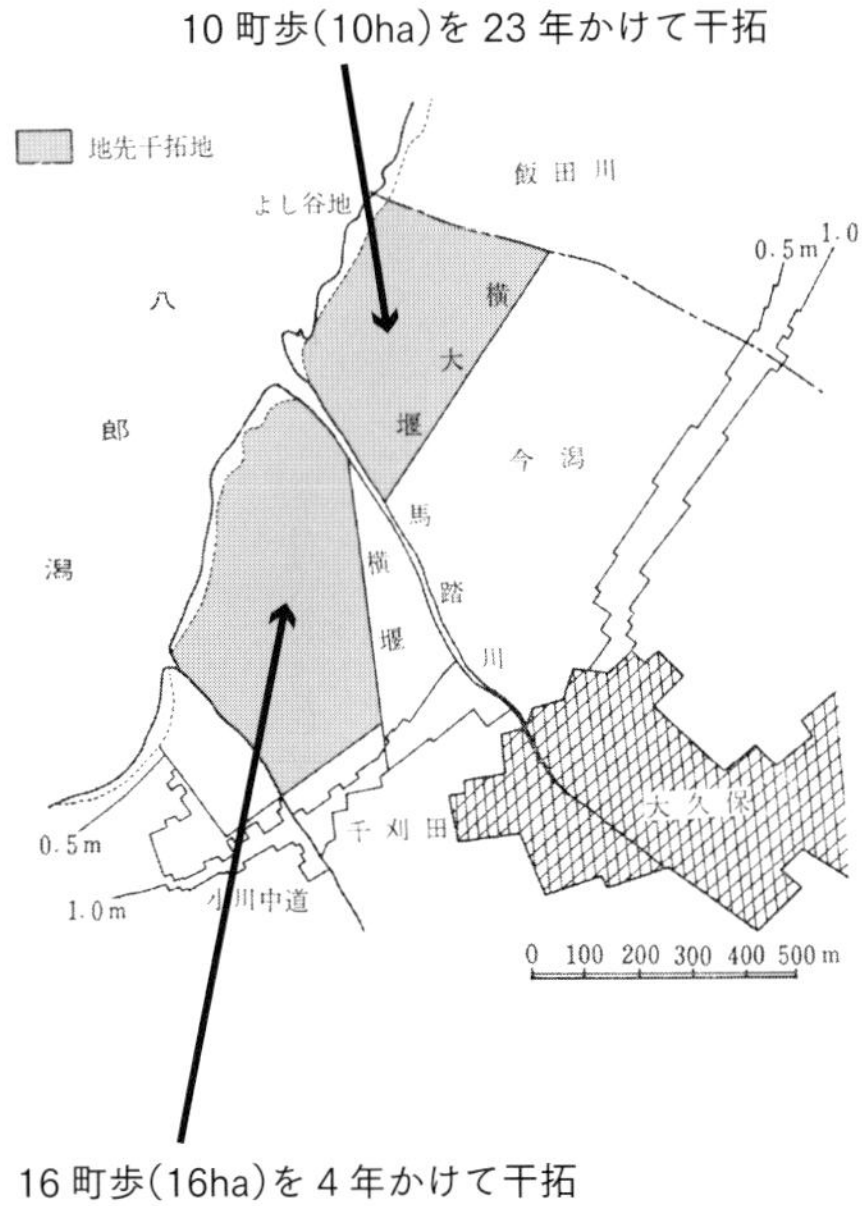

図3　旧大久保村湖岸の地先干拓

これは湖西の八竜の方で行われていたそうで、八竜は砂地なので、砂地の先を掘り崩して潟を埋めていったそうです。

明治時代の地先干拓の例を二つお見せしましょう。図3の上側の干拓地は旧大久保村、現在の潟上市昭和大久保の事例です。ヨシを植えて土がたまったところを陸地化してということで、10ヘクタールを干拓するのに何と23年かかったそうです。ここは泥が深かったのか、思いの外時間がかかったということです。

ところがその隣の干拓地は16ヘクタールを4年で干拓しました。基本的に人力に頼っていたことに変わりないようですが、工事期間も短く、明治時代になると本格的な地先干拓地が増えてきたということが分かります。

図4は井川から八郎潟にかけての事例です。こちらは「まきだて田」でやったそうです。始めたのは地元の人で、琵琶湖に行って輪中方式があるのを見て、地元に戻って見よう見まねで始めました。水が張っている所を村から買い取り、そこに堤防を人力で作り、人力で水をくみ出して田んぼにし

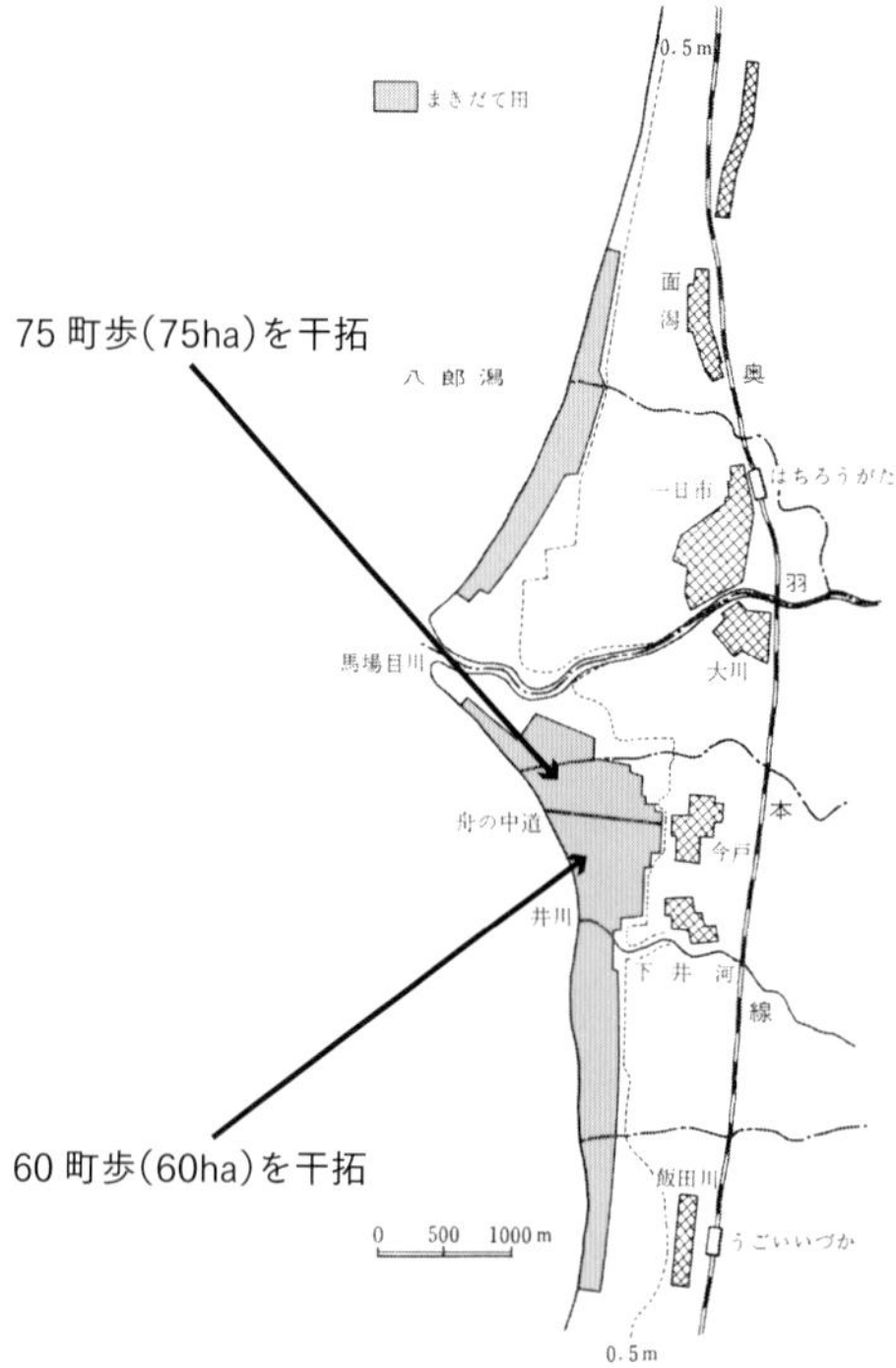

図4　馬場目川デルタ地帯のまきだて田

ました。最初はみんなばかにして見ていたそうですが、実際やってみると見事に土地になったので、周囲の人は争ってやるようになったそうです。面積もそれぞれ75ヘクタール、60ヘクタールというかなり大きな面積です。今戸の農家はまきだて田の専門家として他の地域に呼ばれて指導をしたそうです。

もう一つ地先干拓について話したいのは、干拓技術が地域で作り出され、伝承されていった地元の技術だったということです。つまり、どこかの県外企業が持ち込んだ技術ではなく、地元の人が琵琶湖に行って持ち帰り、地元で試して良ければ広がるという形で、地域で広がり受け継がれる技術でした。

そしてもう一つ大事なことは、干拓した農地は個人のものになるのではなく、村が所有して、村がその人に払い下げるという形を取ったそうです。当時の村は農地や里山を持ち、財産を持ち、地域開発の決定権を持っていました。これを村の自治と呼ぶとすれば、地先干拓は村の自治の範囲で行われていたということです。

こうして、江戸時代から明治時代に移っても、八郎潟周辺地域の地先干拓は地元主体・村主体の干拓だったと言えます。このような地先干拓であれば、そんなに大きな問題を引き起こさなかっただろうと思います。

過去に6回あった干拓計画

ここから国家主導の干拓の話になります。明治以降八郎潟の干拓がいくつあったか調べてみたところ、数え方によって違いますが六つありました。最初の計画はなんと１８７２（明治５）年だそうです。明治維新が終わって廃藩置県になり、初めて新政府が任命した県令（知事）がやってきました。この島義勇という県令は佐賀県の出身で、八郎潟を干拓して船越に港を作ろうと考えました。明治政府に非常に熱心に掛け合って、予算を出すように要求したようですが、逆に煙たがられたのかすぐに罷免にされてしまい、この計画は立ち消えになりました。

次は１９２４（大正13）年、農商務省の技師・可知貫一の「可知案」です。この可知案は、八郎潟干拓の最初の計画でヤンセン案の元になったものです。３番目は、１９４１（昭和16）年には内務省仙台土木出張所所長・金森誠之の「金森案」が出て、同時期の昭和16年に農林省農林技師・師岡政夫の「師岡案」も出ました。この師岡という人は師岡案を作っただけではなく、八郎潟干拓の調査事務所の所長になった人で、この人のリーダーシップが干拓事業に大きな影響を与えました。

５番目が、１９４８（昭和23）年、農林省農林技官・狩野徳太郎

国家主導による八郎潟干拓事業

①1873年（明治5年） 秋田県令・島義勇、八郎潟干拓を建議
②1924年（大正13年）農商務技師・可知貫一の「可知案」
③1941年（昭和16年）内務省仙台土木出張所所長・金森誠之「金森案」
④1941年（昭和16年）農林省農林技師・師岡政夫の「師岡案」
⑤1948年（昭和23年）農林省農林技官・狩野徳太郎の「狩野案」
⑥1954年（昭和29年）オランダ・デルフト工科大学教授・ヤンセンの指導による「ヤンセン案」
（片野、1968：180-185）

の「狩野案」。そして6番目が1954（昭和29）年、オランダ・デルフト工科大学教授・ヤンセンの指導による「ヤンセン案」。現在の干拓計画は可知案と師岡案を折衷したヤンセン案に基づいています。

このように、八郎潟には過去に何度も本格的な干拓計画が持ち込まれました。その理由の一つは、八郎潟の地形が干拓に適していたからです。大変広いのですが、水深は一番深い所で約6メートルと非常に浅い。「巨大なお盆」のような湖なので、大きな堤防で真ん中を囲って中の水を抜けば、広大な陸地が生まれることは少しでも土木の知識があれば思い付くのです。ですから、八郎潟は明治以降、干拓の適地としてずっと中央政府から目を付けられていたと言っていいと思います。

画期的だった「可知案」

さて、これから「可知案」からヤンセン案までの五つの干拓計画がどんな特徴を持っていたのかを簡単に見ていきましょう。最終的な八郎潟干拓の形は「可知案」と「師岡案」を折衷して「ヤンセン案」になったと言われていますが、それぞれの計画にはそれぞれの目的や思想があり、それが干拓地の形に反映されています。

私は八郎湖の水質や環境問題の発端は干拓計画にあったと思っています。ですから少し専門的な話になりますが、これらの干拓計画の解説にお付き合いいただきたいと思います。

図5は現在の八郎潟干拓地の形です。中央に大潟村があり、南に八郎湖があり、日本海とは防

潮水門で仕切られています。これが「ヤンセン案」に基づく八郎潟干拓の形です。まず、この姿を頭に入れておいて下さい。

図６は「可知案」です。可知貫一氏が１９２４（大正13）年に考えた干拓地はこのようなものでした。

まず、中央に約６６４０ヘクタールの水面を残して、漁業が続けられるようにしてあります。次に、約１万２２３０ヘクタールの干拓地を造成する。また、干拓地の排水を排水機場（排水ポンプ場）で排水するとあります。

今と共通するのは、広大な干拓地を作って農業（稲作）をやる。そのための農業用水を残った水面から取水する。でも同時に漁業も続ける。この辺の考え方（設計思想）は今と共通していると思います。

今と違うのは、水面は残すけれども、真

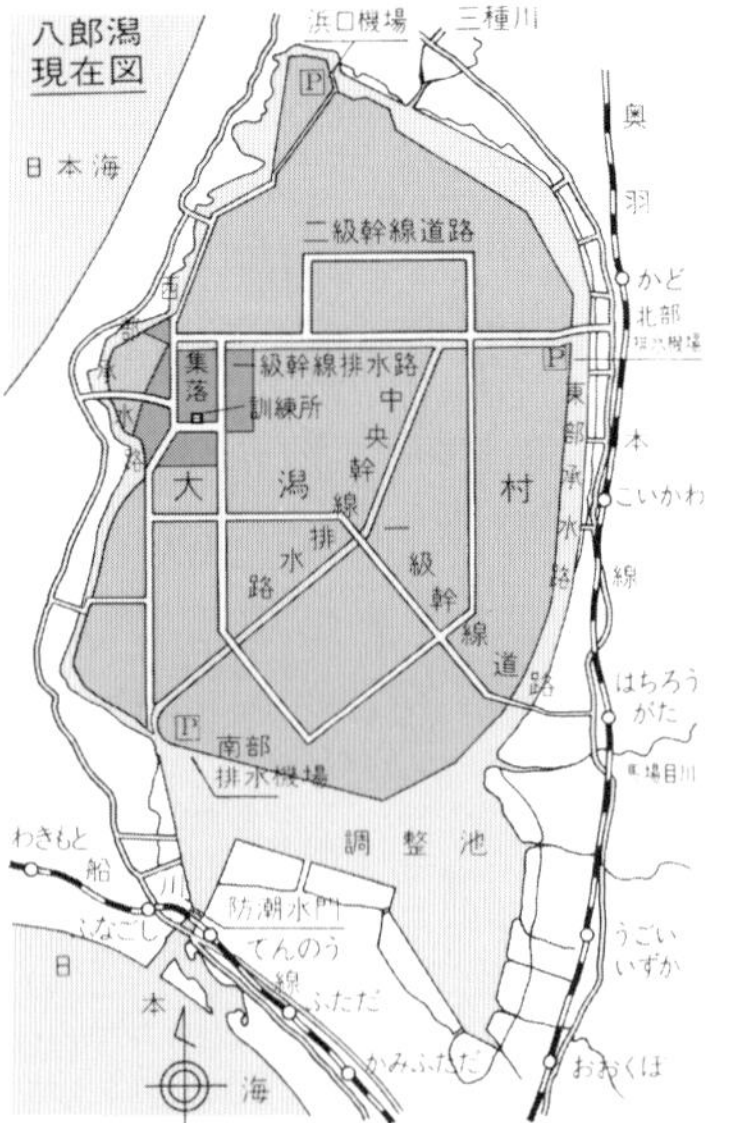

（富民協会、1974：口絵）
図５　現在の八郎湖

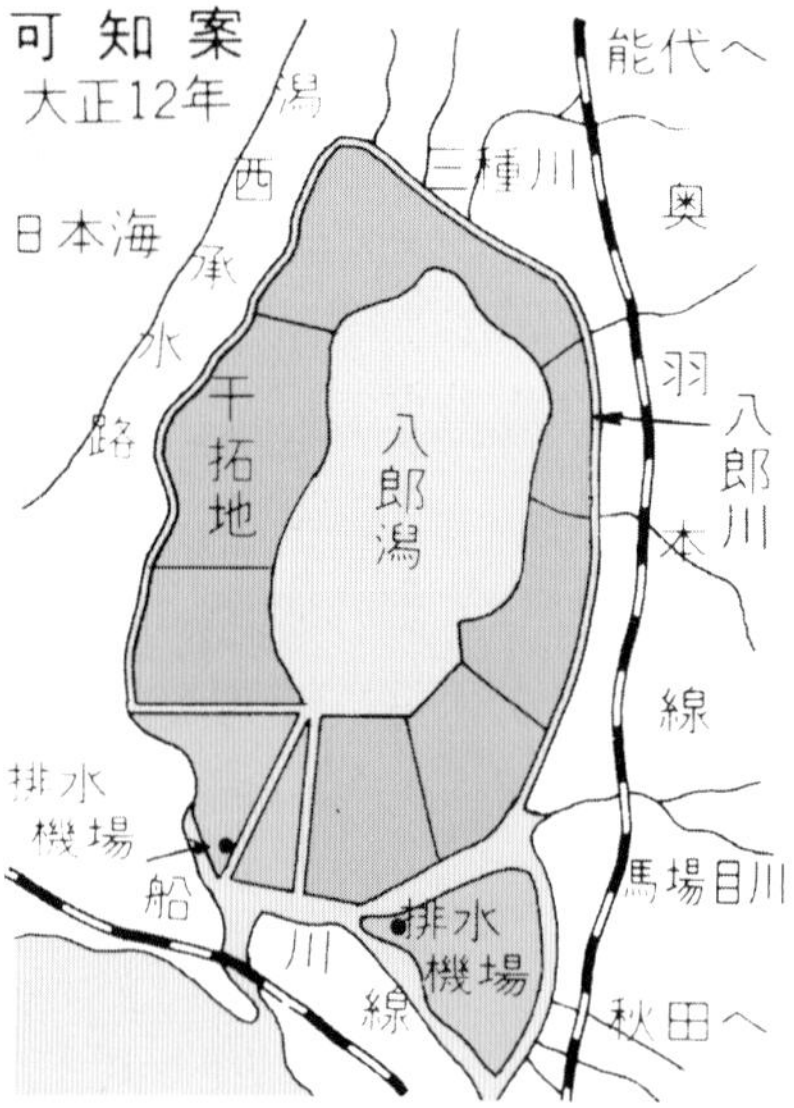

（富民協会、1974：口絵）
図６　可知案

ん中に残すというところです。私は土木の専門ではないので、読んだ本の通りに説明しますと、干拓地と八郎潟湖岸の間に水路（承水路）を作る。今「東部承水路」と言っているところを、可知案では「八郎川」と呼んでいます。流入河川の水は、一部は真ん中の水面に流れ込みますが、残りは湖東側の「八郎川」と潟西側の「湖西承水路」を通って海に流れるようになるそうです。

このように説明すると、「可知案」は一見今の干拓地の姿と全然違うように見えますが、重要な共通点がいくつもあることが分かるでしょう。

今の干拓地と違っている点と言えば、「可知案」には防潮水門がありません。今は八郎湖（調整池）が南側にあって日本海と接しているために、海の潮位が上がると海水が八郎湖に入ってきてしまうので防潮水門は必要ですが、「可知案」では水面が真ん中にあるので日本海と遮断しなくても海水が入らないから、防潮水門はいらないと考えたのではないかと思います。

ところで「可知案」では干拓地の水をポンプで排水することになっていますが、これは当時では画期的な方法だったそうです。そして、全体として、この可知案はその後の干拓計画でも大変優れたものだと評価されたということです。

戦後の国土開発の原点「金森案」

今日の話の本題からはずれますが、１９４１（昭和16）年に出された「金森案」というのがあります（図7）。この計画を作った金森誠之という人は当時「内務省仙台土木出張所所長」という肩書きを持っていたことから分かるように、農業系の人ではなく、工業・土木系の人だったので、八郎潟を干拓して一大工業地帯を作ることを考えたようです。

昭和16年といえば、太平洋戦争が始まる時期で、私からすれば戦争をしようという時期にこんなことも考えていたのかと驚きました。「金森案」の主目的は工場地帯の造成と船川港の整備ですが、必要な工業用水は米代川から運河を引いて持ってくるとあります。今までも、八郎湖の水質改善のために米代川の水を八郎湖に入れるという話がありますが、戦時期に既にそういうことを考えた人がいたのですね。図7を見ると、ほとんど水面がなく、徹底的に陸地化するという考え方です。船越の辺りは自然の船越水道は全く無視して、男鹿市脇本付近に直線の水道を掘って、港を作るということを考えていたようです。

『国土はこうして創られた』によると、当時としては驚くべきスケールの大きい計画であり、世間では夢物語に近いとみる向きが多かったと書かれていました。ただ、「金森案」は戦後全国で展開された国土開発の原点と言ってもいいと思います。自然の川や湖や海の在り方を徹底的に無視して、人間が自分の目的に従って自由に改造しても良いという考えは、人間中心主義の

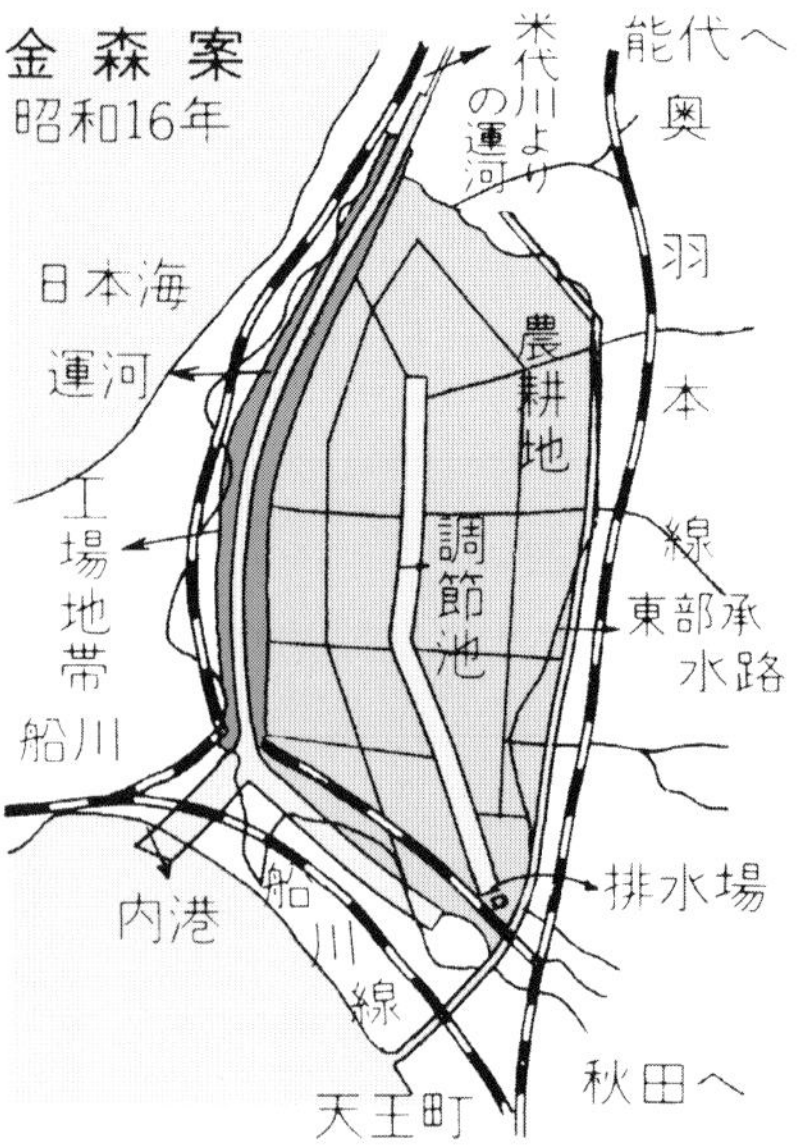

（富民協会、1974：口絵）

図7　金森案

国土開発として今なら厳しい批判の対象になったことでしょう。

食料増産を至上命題に「師岡案」

図8が「師岡案」です。見て下さい。水面が全然ないでしょう。そう、「師岡案」は八郎潟を全面干拓し、約1万8500ヘクタールの水田を造成するという計画です。これまでの干拓計画の中で最も徹底した計画と言えるでしょう。干拓地の東西に承水路を作り、流入河川の水は海に流します。そして、潟上市天王塩口と男鹿市払戸の間に「締切堤」を作るという、防潮水門に近い考え方が表れています。

「師岡案」が出たのも、金森案と同じく昭和16年で、太平洋戦争直前の時期です。どうして戦争のさなかに干拓計画が出たかというと、戦争が拡大して食料輸入がストップするかもしれないということが当時の緊急課題で、それを避けるためには食料生産を増やさなければならないということで急きょこのような案が検討されたようです。食料増産を至上命題として、漁業を切

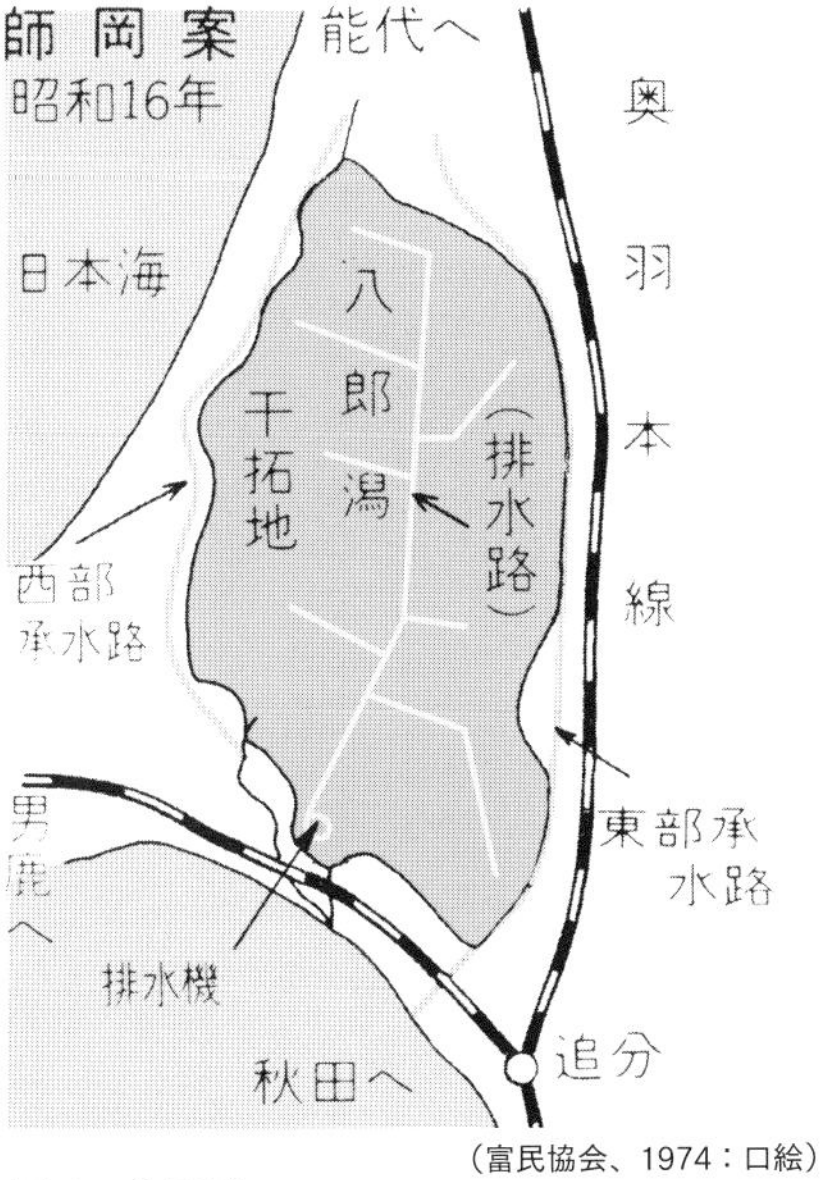

（富民協会、1974：口絵）
図８　師岡案

り捨て、八郎潟全面を農業生産に特化した農地に変える。これが師岡案の設計思想でしょう。「師岡案」に至って、初めて八郎潟から漁業を切り捨てて、全面を陸地化するという考えが出てきます（金森案は除く）。師岡という人は農林省の農林技師として、農業技術の力によって農業生産力が爆発的に増えるという見通しを持っており、漁業がなくても地域の経済はもっと豊かになると確信していたようです。『国土はこうして創られた』を読むと、次のような自信満々の説明で農林大臣や農林省の幹部を説得したとあります。

「湖底の泥土は海草やプランクトンなど有機物が堆積しているので、十数年間は無肥料で栽培できるでしょう。年間の米収量は五万二千トン、これまでの漁業だけで利用するよりも十倍以上の生産をあげられます。周辺水田の浸水被害がなくなることを含めると、さらに効果は大きい」（『国土はこうして創られた』43ページ）

この説明に農林省は大臣以下諸手を挙げて賛成。その実現はもはや時間の問題と思われたのですが、この後太平洋戦争に突入して日本は干拓どころではなくなったので、この案も立ち消えになりました。

そして太平洋戦争に敗けると、今度は朝鮮、台湾、中国大陸などの植民地を失ったために、政府は早急に食料自給対策を立てる必要に迫られ、1946（昭和21）年には全国で国営干拓事業を開始し、千葉県印旛沼、九州有明湾、岡山県児島湾などがこの時に干拓されました。しかし、八郎潟は漁業者の反対が強く、秋田県知事が干拓予算を返上せざるを得ませんでした。しかし農林省は1948（昭和23）年に仙台農地事務所に命じて、八郎潟国営干拓事業計画を作成させました。これが、5番目の干拓計画となる「狩野案」です。

今回調べた範囲では、この「狩野案」の図面は見付からなかったので、片野による解説を紹介します。狩野案は水田約1万4600ヘクタール、畑2800ヘクタールの合計1万7400ヘクタールを陸地化しようという計画で、貯水池は一部残すことにしたようですが、漁業を残すことは想定せず、全面干拓する計画だということです。狩野案そのものは、地元の反対運動や国の財政事情などによって実現しませんでしたが、国は既に全国で国営干拓事業を進めており、八郎潟の干拓も遅かれ早かれ着手される状況になっていました。それが「ヤンセン案」ですが、ヤンセン案については第2部でご紹介しましょう。

いかがでしょうか。八郎潟干拓事業の前に、干拓についてはこれだけの歴史があったのです。江戸時代以前から、半農半漁の生活を少しでも豊かにするための農業の技術革新として「地先干拓」がありました。地先干拓は明治期に地元技術と地方自治として発展しました。しかし、明治時代から終戦まで、地元の意向とは無関係に国家が主導する大規模な干拓計画が県令・島義勇の案を除けば、4回立案されました。「可知案」「金森案」「師岡案」「狩野案」がそれです。それが結局日の目を見なかったのは、関東大震災や太平洋戦争という大災害や戦争の影響ですが、終始一貫干拓に反対してきた漁業者たちの反対運動も大きな影響力を持ったと思います。こうした長い干拓前史が終わりを告げ、とうとう国が干拓計画を本気で実行するようになったのが1952

（昭和27）年7月1日、秋田市に八郎潟干拓調査事務所を開設してからです。ここからは第2部として、少し休憩をはさんで、お話を続けることにします。

第2部

さて、いよいよ私たちが今現実として見ている干拓計画の話になります。この時期の始まりを1952（昭和27）年の八郎潟干拓調査事務所の開設とし、終わりを漁師たちの干拓反対運動が終わった1955（昭和30）年とします。数えてみると、わずか4年です。たった4年で、それまで何十年も反対運動で着手できなかった八郎潟干拓が開始されるわけです。この4年間が八郎潟干拓が決定される核心の4年間でした。この4年間で何がどう決められたのか、これからもっと詳しく研究されていけばいいと思いますが、今日は時間も限られているので、次の二つの論点に絞ってお話しします。

ひとつは、干拓計画がなぜ「ヤンセン案」になったのかという問題です。「ヤンセン案」とはどんな計画だったのか、それまでの計画とどこがどう違っていたのか、ヤンセン案になったことで、その後の漁業や水質問題がどんな影響を受けたのか。そういう点についてお話しします。

もう一つは、漁業者による反対運動がどう展開して、なぜ急速に終結したのかという問題です。これについては、まだ詳しい資料が見付かっていないので、多分に推測を交えた話になることをお許し下さい。

ヤンセン案ができるまで

干拓計画についてお話しする時、この八郎潟干拓調査事務所の所長が師岡政夫だったということを忘れることはできません。そう、八郎潟を全面干拓する「師岡案」を作った師岡です。師岡は山形県出身。山形高校から東大で農業土木を学び、農林省に入って、１９３２（昭和７）年から京都市の巨椋池の干拓事業に関わりました。この時、師岡の上司として巨椋池干拓工事を指揮したのが、「可知案」を作った可知貫一でした。すごい偶然ですね。当時、干拓関係者で可知の名前を知らない人はいなかったというほど可知は「この分野の最高峰」だったようです。師岡は巨椋池干拓で可知の理論と実際の技術を吸収し、農林省内でも「干拓の師岡」としてその名を知られるようになっていきました。その後秋田県に来て田沢湖の水を仙北平野に疎水する「田沢疎水」の指揮を執ったそうですから、秋田県にも縁のある人でした。干拓計画が数年で決定した背景には、師岡政夫という干拓事業に十分の実績と自信を持った技術者が所長として計画を推進したという事実が大きかったと思います。

この事務所では、過去の干拓案、つまり「可知案」「金森案」「師岡案」「狩野案」の比較検討を始めました。その結果「可知案」の賛成者が最も多かったようです。その理由は、

①ほかの三つの案は全面干拓で、干拓したらもう漁業はできないが、可知案だけは水面を残しているので漁業が存続できる。可知案以外では漁業者の反対が強い。

②可知案では、干拓地の農業用水を「残留調整池」から取水できる。残留調整池というのは、

可知案の中にあった八郎潟の真ん中に置かれた水面のこと。
③承水路の掘削費用が不要など、ほかの案に比べて工事費が安く、工期も短くて済む。
そこで、干拓調査事務所では、可知案を念頭に置いて詳細な調査を行いましたが、その結果、可知案にも問題点があることが明らかになってきました。次の2点が大きかったようです。
①塩水の流入を防ぐには防潮水門が必要である。可知案を作った大正時代には、調整池を真ん中に作れば、防潮水門がなくて済むだろうと考えられていた。しかしもう少し実証的に詰めたところ、やはり防潮水門が必要だということが明らかになった。
②中央の残留調整池の水深を測ってみたところ、意外に浅かったので、冬は凍結、夏は水が煮えて魚が死んでしまうという可能性が出てきた。しかし、浅いからと言ってもう少し調整池を広げるかというと、調整池を広げてしまうと干拓地が減ってしまうし、掘削するとお金がかかるということで、八郎潟の中央に調整池を作るのは難しいという話になった。
そこで、干拓計画をもう一度再検討せざるを得ないという話になったのですが、たまたま1954（昭和29）年、オランダからヤンセン教授とホルカー技師が八郎潟に視察にやってきました。

ヤンセン教授が果たした役割

八郎潟干拓について語る時、「ヤンセン教授」の名前を聞かないことはないでしょう。でも、なぜ八郎潟干拓の計画を立てる段階で、オランダ人の大学教授が出てくるのでしょうか。その経緯を振り返ると、ここでも国政とのつながりが出てきます。

１９５１（昭和26）年、日本はサンフランシスコでアメリカなど48カ国と平和条約に調印しました。有名なサンフランシスコ講和条約ですね。敗戦国になり、占領軍の下で主権を奪われてきた日本の主権・平等が認められ、戦後の新しいスタート地点に立った歴史的な条約でした。ところが、この条約を結ぶに当たって、オランダとの関係修復が大きな課題になっていました。オランダは戦争中、日本軍によって植民地のジャワ、スマトラを占領され、大きな人的物的損害を受けました。戦争が終わると、植民地はそのまま独立国になってしまったので、オランダは連合国の一員として戦勝国であったものの、アジアの植民地を失い、日本に対して深刻な悪感情を抱いていました。

当時の総理大臣は吉田茂でしたが、吉田はオランダ国民の悪感情をどう緩和したらいいか腐心した結果、オランダの干拓技術の高さに目を付け、１９５３（昭和28）年に農林相に「オランダの干拓技術者を日本に招いた場合、いかなる結果になるかを検討せよ」と命じました。農林省では対応を協議した結果、「軟弱地盤で堤防を建設する権威者をオランダから招きたい」と回答し、オランダ政府に要請したところ、デルフト工科大学のヤンセン教授を推薦してくれ、こうしてヤンセン教授が八郎潟にやってくる運びになったのです。

１９５４（昭和29）年、秋田に降り立ったヤンセン教授は八郎潟を視察し、過去の干拓案を比較検討するなど、精力的に日程をこなしたようです。この時の師岡所長との生々しいやり取りが

『国土はこうして創られた』に紹介されています。それによると、ヤンセン教授は師岡案、つまり全面干拓案に賛成して、師岡を慌てさせたと書かれています。

なぜかというと、オランダという国は元々非常に低い所にあったので、国土の3分の1が干拓地といわれています。ですから、オランダ人にとっては、湖や海を干拓して国土を広げていくことはごく当たり前のことでした。そういう感覚をヤンセンは持っていた。だから、干拓するのなら少しでも陸地を増やす全面干拓にするべきだ。そうヤンセンは考えたようです。

それに対して師岡は「沿岸漁民の反対もあります。調整池を残せば、漁民たちに漁場を残すことができます。もちろん漁民には、干拓の補償はするわけですが」と地元の事情を説明して、可知案を推したようです。師岡自身は全面干拓案を考えていたわけですが、地元との利害調整のために、自説を封印したようです。それに対してヤンセンは、次のように言ったそうです。

「オランダでは国民自身が国土を創造します。だから政府も国民も国土づくりに反対などない。日本はおかしい国ですね」

『国土はこうして創られた』の著者は、この二人のやりとりをまとめて「それは行政と国民との間の信頼感の差であるのだが、初来日のヤンセンにはもちろん理解できなかった」と書いています。

結局、ヤンセン教授は水面を残すという妥協案を受け入れて、調整池を南側に移すというヤンセン案を作りました。この時、干拓計画に重大な変更が加えられました。ヤンセン案ではこの調整池は漁場ではないとされたのです。今回資料をいろいろ読みましたが、ヤンセン案で八郎潟南部に置かれた調整池は「洪水調整兼灌漑用貯水池」とあるだけで、漁業をするために残したとはどこにも書かれていませんでした。

可知案では、八郎潟まん中の水面は漁業のために残すとされていたのが、ヤンセン案では水面そのものは場所を南側に移した形で残されましたが、その役割は変わってしまいました。このことを明確に示しているのが、ヤンセンが残した八郎潟干拓に関する次の3項目の所見です。

①（八郎潟干拓計画はほかの計画と比べて）最も実現可能であり有望な計画だ。

②北部の大部分を干拓し、南部の水面は残し、洪水調節兼灌漑用貯水池とする。

②漁民の干拓反対は干拓後の土地を適正に配分することで解決できるだろう。

可知案からヤンセン案に変わった時、最も大きな変化は「水面は残すけれども、それは貯水池であって、そこで漁業の存続は考えない」ということだと私は思います。可知案にはしっかり込められていた「漁業の存続」という理念は、ヤンセン案では消えてしまいました。それは、繰り返しますが、オランダ人技師であるヤンセンの干拓に対する理念と、もともと全面干拓案を胸に秘めていた師岡の理念が一致した結果だと思います。

ヤンセン所見の第三項目に「漁民の干拓反対は干拓後の土地を適正に配分することで解決できるだろう」とあります。これは、この機会に八郎潟の漁業はやめて、漁業者に対しては干拓地の配分で対応しなさいと読めます。つまり、漁民を農民に変える。漁業をやめてもらって、農家になってもらう。この考え方は、オランダ人のヤンセン教授からすれば、理解できることです。国土を広げることは絶対正しい。だから漁民は農民になってもらえばいい。農業ができる土地を与えれば、みんな納得するだろう。これがオランダ人技師ヤンセン教授の漁業観、農業観だったのでしょう。

このヤンセンの漁業と農業に対する見方は、第1部で紹介した師岡の「(干拓すれば)これまでの漁業で利用するよりも十倍以上の生産を上げられます」という見方と共通すると思います。つまり漁業より農業の方がはるかに生産性が高い、だから漁業には見切りをつけて農業に専念した方がいいというのでしょう。

こうして提案されたヤンセン案は次のような特徴を持っていました。

①南部に調整池を残すが、漁業存続のためではなく、洪水調整と灌漑用水のためである。

②防潮水門を作って、日本海と遮断する。農業用水に使う以上、塩分が入るとまずいので日本海と遮断して淡水湖にする。

③大潟村だけでなく、周辺にも地先干拓地を造成する。ヤンセン案の地先干拓地は明治時代のものに比べてもはるかに大規模で、排水などもきっちりされている。例えば八郎潟の一番南には、潟上市大久保野村という漁村があるが、野村湾は全面干拓されてしまった。干拓地の面積としては、大潟村が圧倒的に大きく約1万3千ヘクタール、周辺の地先干拓地が542ヘクタールだった。

④もう一つ景観上の大きな変化は、周辺の湖岸をコンクリート堤防で覆うということだった。調整池を農業用貯水池とするということは、そこに常時水を貯めておかなければならない。特に4月下旬になると、水田の作業が始まるので、農業用水をより多く蓄えるために貯水池の水位を上げる。現在でも八郎湖の水位は4月下旬から8月下旬までの期間は日本海の水位

より1メートル高くなっている。でも、水位を高くすれば、自然湖岸だったら周囲の陸地に水が溢れ出してしまう。それを防ぐためには周辺の岸辺を全部コンクリート堤防で覆わざるを得なかった。その結果、干拓前の八郎潟の風物詩だった広大なヨシ原は干拓後にほぼ消滅してしまった。

こうして、ヤンセン案によって、現在の大潟村、八郎湖、周辺地域の構造が固まりました。漁業の消滅、ヨシ原の消滅、干拓地からの農業排水の増加、富栄養化や水質悪化など現在の八郎湖の水質問題や環境問題の種はこのヤンセン案にすでに播かれていたのです。

干拓賛成派と反対派の対立

さて、干拓計画が可知案からヤンセン案に変わっていった経過をざっと見てきました。次に、漁業者による干拓反対運動を見ていきましょう。干拓調査事務所が設置された翌年2月に干拓に反対する漁民が「八郎潟干拓反対同盟会」を結成しました。ここで注目したいのは、反対運動だけでなく、干拓推進運動も生まれたことです。同じ年の7月には「八郎潟利用開発期成同盟会」が結成されています。これは干拓賛成派の団体です。

地元には干拓反対運動だけでなく、干拓推進運動もあった。ここを見落としてしまうと、「八郎潟干拓に地元はみんな反対だったが、国に押しつけられたのだ」という話になってしまいます。しかし実際はそうではなくて、地元にも干拓を受け入れようというかなり強力な運動があり、地元のなかで干拓賛成派と反対派の激しい対立があったということを強調しておきたいと思います。

漁民の反対運動は１９５４（昭和29）年がピークで、５月に八郎潟町「一日市劇場」で総決起集会を開きました。７月には賛成派と反対派が秋田市日米文化会館で論戦しましたが、物別れになったという記録があります。この対立はずっと続くのかと思ったら、翌１９５５（昭和30）年3月には、漁民代表30人が京都と岡山の干拓地を視察して態度が軟化し、翌４月には反対同盟は解散し、漁業補償要求に転じました。非常にめまぐるしい展開です。昭和28年に反対同盟ができて総決起集会をやったのが、その1年9カ月後には反対同盟は解散して、漁業補償要求に転じたということです。

この劇的な展開を理解するには、干拓賛成派の動きをよく見る必要があります。まず、どうして八郎潟地域で干拓賛成派が出てきたのかという問題があります。片野の論文にいろいろ書いてありますが、地元対立の構図はとても複雑だったようです。たとえば、

「渡部斧松の八郎潟疎水計画以来、八郎潟開発計画に対する地域住民の態度は、農業を主とする者は干拓に賛成で漁

旧町村	集落	戸数	%
昭和・飯田川	天　王	638	23
	大久保	178	6.4
	飯田川	46	1.7
井　　川	下井河	128	4.6
八郎潟・五城目	大　川	30	1.1
	一日市	92	3.3
	面　潟	64	2.3
琴　　丘	鹿　渡	370	13.4
八　　竜	鵜　川	86	3.1
	浜　口	238	8.6
男　　鹿	船　越	98	3.5
	払　戸	298	10.8
若　　美	潟　西	504	18.2
合　　計		2,770	100.0

表３　地区別漁業戸数（昭和 28 年）
出典：北条（1968：166）の表2－75 を元に筆者作成

業を主とする者は干拓に反対ということが一応言えるが、現実はかなりの耕地を経営しながら、一方網元として大きな力をもつ者もあれば、もっぱら漁業に従事しているといっても、網子としてであって耕地をほとんど持たないという者もあるわけで、干拓に対する態度もかなり複雑になる。（中略）干拓の影響を直接受ける周辺十一市町村では、単に農民と漁民の対立にとどまらず、市町村間の対立、部落間の対立として表れることが多かった」

と書かれています。例えば、八郎潟の北部と南部の間にも対立があったようです。反対派が作った「干拓反対同盟会」の代表は児玉専太郎で、児玉は琴丘町（現三種町琴丘地区）の出身でした。一方、推進派の「期成同盟会」の代表は高橋清一で昭和町（現潟上市昭和地区）の出身でした。その後、高橋が県議会議員になった時、「期成同盟会」の2代目の代表になった二田是儀は天王町（現潟上市天王地区）出身というように、八郎潟の南側、つまり今の潟上市には賛成派が多く、北側の方に反対派が多かった事実がありました。

それでは南側、今の潟上市の方は農家が多くて、北の方は漁師が多かったのか。農民と漁民の対立だったのかというとそうでもないようです。表3は、私が北条論文の表を作り直して地区別の漁業戸数を計算してみたものです。これを見ると、最も漁師の数が多かったのは天王で638戸。これは八郎潟漁師全体の23％を占めていました。この表を見ると、八郎潟で最も漁師が多かったのは天王ということになります。大久保は6・4％、飯田川は1・7％と漁師の割合は小さいようですが、ご存じのように大久保には八郎潟の魚介類を原料とした佃煮屋が集まっており、佃煮屋は当然干拓には徹底反対だったそうです。その次に漁師が多かったのは、潟西で504戸（18・

2％）、鹿渡は370戸（13・4％）。あと払戸も多かった（298戸、10・8％）。ですから八郎潟の南部でも漁業は盛んでした。

もう一つ大事なことは、元々八郎潟には専業漁師は10％くらいしかおらず、大半が農業との兼業で、その割合は約85％だったということがあります。当時の漁師が約2700戸だったので、専業漁師は約270戸くらいだったということになります。兼業の形も、農業との兼業もあれば、佃煮屋で働く人、行商する人など、さまざまだったそうです。だから片野が「農民と漁民の対立という説明は当てはまらないのではないか」と言う意見に私も賛成します。八郎潟の南の天王、大久保、飯田川には漁師も比較的多く、佃煮屋も多くて干拓に反対する人もいたけれども、賛成する人もいました。

農業振興への熱い期待

それでは、何が干拓賛成派と反対派を分けたのでしょうか。私の考えでは「農業振興への熱い期待」がまずあり、もう一つ国が主導する「巨大地域開発への期待」があって、それである程度説明できるのではないかと思います。

干拓賛成派には強力な地元リーダー・二田是儀がいました。二田は戦前から八郎潟干拓を構想し、粘り強く地元で活動していたようです。『国土はこうして創られた』には、二田の経歴や干拓に情熱を燃やすようになった経緯について詳しく書かれています。二田は1895（明治27）年山形県出身で、東大文学部印度哲学科を卒業した翌年26歳で天王の二田家に養子に来ました。それが1921（大正10）年の頃で、まだ可知案が出る前でした。秋田に来た二田は当時の八郎潟周辺の農家の貧しさと技術の低さを見て、暗澹《たん》たるものを感じていました。二田家は代々の開拓の家だったそうで、姑は娘婿である二田に家の家業を次のように伝えたとあります。

「是儀さん、二田家は十二代も続いた開墾者です。あなたは十三代目ですの。水田起こしのカマド返しという言葉を知ってなさるか。開墾という仕事は大変なおカネがかかるもの。日にちもかかる。カマドが返る。財産をすってしまう。しかし、誰かがやらねば、百姓はいつまで経っても楽になりませんのじゃ」

こうした二田家の家業を受け継ぎ、二田は八郎潟干拓に情熱を燃やすようになったようです。戦後師岡が干拓調査所長になって秋田に来た時も、師岡は地元の理解者として二田に支援を頼みに行き、可知案以来何度も干拓計画が頓挫したのを見てきた二田も「この機を逸してはならない」と師岡に全面協力を約束したようです。

この2人は時にはかなりきわどい裏工作もやったようです。たとえば、当時の秋田県知事だった池田徳治は干拓に対して慎重な態度を崩していなかった。その池田知事を翻意させるために、干拓推進派だった吉田茂首相と会わせるという工作をしました。池田知事は自分が首相と会ったことが知られれば自分が賛成派に転じたと県民に思われることを心配して、首相との会談をマスコミには伏せておきました。ところが師岡は事前に報道各社の記者を呼んで「池田知事が吉田首相に陳情に行くことを大きく報道してくれ」と依頼しておいたのです。その結果、1954（昭和29）年1月12日、吉田首相との会談を終えた池田知事が首相官邸から退出した途端、新聞記者に囲まれ、翌朝には「池田秋田県知事が吉田首相と会談。八郎潟干拓の早期着工を要望」という記事が新聞に出ることになりました。『国土はこうして創られた』の著者は、この一件を「どうやら師岡・二田両人の仕組んだドラマという感が強い」と評しています。

このように、師岡・二田コンビは知事を翻意させるために首相官邸を動かすというような「離れ業」をやってのけたようです。こうした政治力や度胸は大変なものだと思いますが、2人の行動の底には干拓に対する絶対的な信念と自信があった。その信念と自信が困難を極めた干拓計画を成し遂げた何よりの原動力だったのではないかと私は思います。そして、その信念と自信を掘り下げていくと、たぶん今日の講演のとても大事な論点になると思いますが、「この地域は漁業はなくてもいい、農業で生きていける」という農業振興への期待に行き着く。干拓して農業をすればこの地域はやっていける。だから場合によっては漁業を切り捨てても仕方ないという考えが2人の心の底にあったのではないか。それは、繰り返しますが、オランダ人ヤンセンにも通じる価値観でした。

ヤンセン所見が届いた時、二田は珍しく興奮して師岡にこう言ったといいます。

「師岡さん、あんたの案と可知案を足して二で割った案です。よかった、よかった。やはり間違っていなかった、われわれは」

この誇らしい声には、開墾屋二田家を継いで宿願だった八郎潟干拓をついに成し遂げた二田の面目躍如たるものがあります。私たちは第3部で、師岡や二田が期待した干拓による農業振興策がどのような結果になったかを検証しようと思いますが、その前に干拓反対派の主張を見ておくことにしましょう。

干拓反対派の主張

片方の話だけを聞くのはフェアではないので、今度は反対していた漁師の声を聞くことにしましょう。ところが、干拓反対運動をしていた漁師の発言をまとめた資料というものが今回見つけられませんでした。片野の論文を見ても、漁師がなぜ反対したのかということについてはあまり明確に書かれていませんでした。漁師が字を書いたりするのが苦手だったこともあるかもしれないし、あるいは歴史の敗者の声は記録されずに忘れられてしまったのかもしれません。ぜひこれから、漁師の本当の声を掘り起こしていきたいと思います。今回手に入ったのは『国土はこうして創られた』に書かれているもので、直接漁師の訴えを資料から取ったものではなくて、新聞記者がまとめたものだということをご承知いただきたい。干拓反対の理由は次の5項目にまとめられています。

①沿岸漁民約3千人、家族を含めると1万4~5千人いる。これに佃煮など水産加工業や行商人などを合わせて数万人が八郎潟の水産で生活している。

②八郎潟は魚の宝庫で、県民の消費量の4割をまかなっている。

③日本の干拓で成功した例は少ない。途中で中止されている先例もある。
④八郎潟干拓のような大工事が技術的に百パーセント可能か疑問だ。
⑤工事の間、漁業も農業もできない状態が長く続けば漁民の生活はどうなるのか。

この5項目を詳しく検討しましょう。まず1番目に言っているのは「八郎潟の漁業で生計を立てている人がたくさんいる」という主張です。これは事実として正しい。2番目は「八郎潟は魚の宝庫で、消費量の4割をまかなっている」。これも事実としては正しいが、「魚をほかから買えばいい」と言われてしまえば反論は難しいので、漁業を守る主張としては弱いと思います。3番と4番は干拓に対する疑問です。ところがヤンセンの報告にあったように、既に技術的には「八郎潟が最も有望である」というお墨付きが出ていますので、この漁師たちの疑問は門前払いにされたでしょう。最後の「工事の間の生活はどうするのか」という問題ですが、これは補償の話になってしまうので、「工事の間は補償します」と言われればそれで済んでしまいます。

従って、限られた文献を見る限りですが、干拓反対派の主張が二田・師岡たちの主張に対して十分対抗できているかというと、かなり厳しかっただろうと言わざるを得ません。

「環境を守る」という考え方はなかった

そこでもし、今、八郎潟干拓が計画されていたら、「環境を守れ」という大変な反対運動が起こったに違いないでしょう。なぜ当時「八郎潟の環境を守れ」という主張が出てこなかったのでしょうか。
その理由は簡単で、1953（昭和28）年ごろの段階では、環境保護という言葉や意識はなく、そのような運動は起こりようがなかったからです。私たちは今生きている状況が過去からずっと続いていると思いがちです。例えば、今私たちは「環境」という言葉を当たり前に使い、「環境を守ることは大事なことだ」などと普通に考えています。それだけでなく、環境という言葉や環境保護という考え方がずっと前からあると思い込んでいるのではないでしょうか。

しかしこれは大きな間違いです。日本の最初の公害事件と言われている水俣病が公式に発見されたのは1956（昭和31）年でした。「発見」というのは何かというと、水俣病を起こしたチッソ水俣工場付属病院の細川一院長が外来の患者を診ていて、何か奇妙な症状の患者が増えていることを水俣保健所に届け出たことを指しています。つまり、水俣病の最初の兆候を見つけた年が昭和31年、八郎潟干拓計画を議論しているのはその3年前なので、環境どころか「公害」という言葉すら存在していませんでした。八郎潟干拓に反対するのに、「環境」「水質」「生態系」「景観」といった言葉もなければ、それらを大切にしようという意識もなかった時代だったのです。

「公害」という言葉が法律の中に定着したのは公害対策基本法で1967（昭和42）年まで待たなければなりませんでした。まして「環境」という言葉が一般に使われるようになるのはもっと後です。ですから、八郎潟干拓はあまりにも時代が早かったので、それに反対する環境運動は起こりようがなかったのです。

おそらく、地元の人以外にもたくさんの人が八郎潟干拓を見ていたと思いますが、全員が諸手を挙げて賛成していたはずはないと思います。「干拓は問題だ」「やめた方がいい」と思っていた人は少なくなかったでしょうが、どういって反対していいのか分からなかったのではないでしょうか。たとえば、文学者の石田玲水は干拓が決まった後「わがみずうみ」という美しい詩を書いて、その消滅を惜しんでいますが、石田の口から干拓反対の批判は出てきませんでした。

反対運動に関わった漁師の言葉や資料が残っていないようなのはとても残念です。たとえば反対運動の先頭に立った児玉専太郎というのはどんな人だったのか、どのようなことを訴えていたのかということをぜひ知りたいと思いますが、今のところ手掛かりはありません。もしかすると当時の漁師の中で、今も私たちが学べるような言葉や考え方を残してくれた人がいるかもしれません。

なぜ私が漁師の言葉を知りたいと思うかというと、水俣病との比較を考えるからなんですね。ご存じの方も多いと思いますが、水俣病の被害者の中からたくさんの語り部が生まれました。もちろん『苦海浄土』を書かれた石牟礼道子さんは別格ですが、漁師だった川本輝夫さん、浜元二徳さん、杉本榮子さん、緒方正人さんとか。なぜ私がこういうことを知っているかというと、大学院時代の恩師である鶴見和子先生や宗像巌先生は水俣病の共同研究をやっておられて、水俣病の被害者の方々からいかに大切なことを教えられたかという話を、ゼミの場で繰り返し繰り返し聞かされていたからなんですね。

ですから、私も干拓反対運動に参加した漁師の方々の言葉から、八郎潟の価値について、考えていきたいと思っています。もし、何かご存じの方がおられたらぜひ教えて下さい。

干拓反対運動の終わり

話が脇道にそれましたが、言いたかったのは、干拓反対の理由として「環境を守れ」という言葉や考え方が当時なかったために、対立の争点は「漁業の存続か農業の振興か」の二つに絞られて、干拓反対運動は漁師だけの孤立した運動にならざるを得なかったのだろうということです。ヤンセン案が採用になった時点で、残った水面で漁業を続ける可能性はなくなり、1955（昭和30）年3月、漁師代表が師岡らに連れられ、巨椋池と児島湾の干拓地を見せられた時、「もう漁業は諦めて、農業で生きるしかないんだよ」という話をされたに違いない。そう説得されて、漁師代表にはもう反対を言い続ける大義名分は失われてしまった。そこで彼らは漁業存続を諦めて、せめて漁業補償をしっかり取るという方向に転換したのではないか。そんなふうに思われます。

こうして昭和30年4月、反対同盟は解散しました。この時から、漁師の要求は満足できる漁業補償と農家として暮らしていける農地配分へと移っていきます。そして、時を同じくして小畑勇二郎が秋田県知事に就任します。小畑が知事になったのは昭和30年4月なのです。「カミソリ知事」と言われた小畑は漁師たちの漁業補償交渉に立ち向かっていきますが、これから先は第3部でお話ししましょう。

第3部

漁業補償と農地配分

第3部は1955（昭和30）年から1966（昭和41）年ごろまでの約10年間とします。この間、いよいよ干拓工事が始まり、世間の目は「世紀の大干拓工事」に向けられていました。男鹿市船越や八郎潟町一日市などには干拓工事の事務所ができ、工事関係者がたくさん住むようになって、飲食店などが非常に繁盛したという話がありました。しかし、周辺地域の、特に漁業関係者にとって、この10年は漁業補償と干拓地の農地配分がどうなるかということが大問題でした。

第2部でお話ししたように、最初の可知案の頃は八郎潟の漁業は存続させるという前提だったのが、最後のヤンセン案になって漁業は存続できないという話になっていました。反対運動を諦めた八郎潟の漁師が求めたのは、十分な補償金と干拓地の農地の適正な配分でした。この二つの約束は果たされたのでしょうか。

最初に、漁業補償がどうなったのかについて見ていきましょう。先にお話ししたように、この時期、小畑勇二郎が秋田県知事に就任しました。小畑は「干拓は自分の任期中にやる」と断言して、自ら漁師との漁業補償の交渉に臨むなど、主体的・精力的に関わった人です。漁業補償の交渉は通常は漁協の組合長や幹部と話し合い、その後に漁師たちと話し合うのが常道ですが、小畑はそうせず、直接漁師たちと話し合うことにしました。この背景には、前年の1955（昭和30）

年3月に、漁師代表30人が師岡らに連れられて巨椋池と児島湾の干拓地を視察した後に、干拓反対同盟会が解散したという事実がありました。漁師のリーダーは納得したとしても、詳しい事情を知らない一般漁師たちの間には不信と不安が広がり、

「反対同盟会の○○は県当局からカネをもらった」

などというデマや中傷が広がっていたようです。こうした混乱を収拾するためには、漁民大会を開き、知事自らが出席して漁師たちに説明するのがいいという考えになったようです。

小畑知事の「バンザイ作戦」

この漁民大会は1956（昭和31）年、湖岸を3区に分けて、一会場に千人ずつ集めて3回開かれました。この漁民大会については、小畑勇二郎顕彰会が出している『小畑勇二郎の生涯』に非常に生々しい記述がありますので、主にこの本から引用します。顕彰会が出しているので、小畑寄りの記述になっているのはやむを得ないと思いますが、皆さんはそれを差し引いて聞いていただきたいと思います。

第1回の漁民大会は、昭和31年2月、八郎潟町の一日市小学校で開かれました。約千人が集まりました。まず小畑は次のようにあいさつしました。

「漁業補償は対立、闘争を避け、長引いても納得のうえで解決したい。干拓工事は国営とする。漁民と県との間にシキリはつけない。一体になって国に要請する態勢を作りたい。分派行動は漁

民に有利ではない」

ここで小畑が言った「国営」ということは、後で農地配分の議論の中で効いてきます。干拓事業の計画は国が作ったのですが、この時点では実際に誰が干拓工事をやるのかが決まっていませんでした。干拓工事には莫大な資金がかかりますので、小畑知事の時代に工事をぜひ国営にするようにと働きかけて国営事業になったということです。

もう一つ「分派行動は漁民に有利ではない」という言葉が出てきますが、これは「漁業補償の窓口を一本化してやってほしい」という意味です。実際に、干拓推進派が作った「八郎潟利用開発期成同盟会」が漁業補償の窓口になります。

漁民大会の話し合いは延々3時間に及びました。漁師から出た意見は、

「納得できる補償でなければ干拓に賛成できない」

「補償が解決するまでは着工しないことを確認せよ」

「補償金には税金をかけるな」

「干拓完成6年目から、漁協組合員1人当たり田畑2・5ヘクタールを耕作できるようにせよ」

など議論が百出しました。小畑はこれらの要求にいちいち真剣に答えたようです。そこに推進派の二田是儀も参加していました。二田も漁民の利益代表者の立場で「補償前には着工しない。納得のいく補償を獲得する」と強調しました。しかし漁民の中には、「オレたちは何も干拓を頼んだ覚えはない」とそっぽを向き、罵声を浴びせる一群もあって、なかなかららちが明きませんでした。

ようやく皆に疲労の色が濃くなった頃、小畑はやおら立ち上がりました。

「お互いに議論も尽きたと思います。どうでしょう、ここで万歳をやろうじゃありませんか」

「……」

「八郎潟干拓バンザイ」

小畑は声を張り上げました。一際高い音頭に漁民もつられて不可解な思いで両手を上げました。こうして第1回大会は終わったということです。

『小畑勇二郎の生涯』には、この漁民大会の後の様子がこう書かれています。

「集まった人たちは帰り際に、『なんと、知事にだまされた。オレたちはまだ干拓賛成とは決めていないのに、バンザイをやらされてしまってはしようがない』という声も小畑の耳に届いた。小畑の頬に会心の笑みが浮かんだ」

まるで見てきたような文章ですが、確かに小畑からすれば、漁師とバンザイをして大会を終えたので「これで話はまとまった」と説明する口実を作ることができました。しかし、もちろん漁師の間に不満は残りました。

その2週間後、第2回大会が鹿渡町（現三種町鹿渡）で開かれ、約2千人が参加しました。この時も、漁民たちの要求は前回と大差ありませんでした。中には「今日は干拓を前提とした大会ではない。補償が納得できなければ反対だ」と息巻き、1人100万円以下では絶対だめだ」という漁民もいました。

ここでも小畑は万歳三唱をしようと提案しました。しかし漁師は唱和しません。もじもじしながら、互いの顔を見合わせていました。すかさず小畑は言いました。

「いいじゃないですか。お互い手は2本ある。1本の手は、干拓事業の早期着工・早期完成。もう1本の手は漁業補償の完全獲得。こういうつもりでバンザイしようじゃありませんか」

小畑は「バンザイ」と声高々に叫び、両手を上げました。それにつられて参加した2千人も両手を上げたということです。

第3回は男鹿市の船越小学校で行われました。この時の写真が残っていますが、会

八郎潟干拓に伴う漁業補償を巡って1500人が参加して開かれた第3回漁民大会。上の写真は会場外の看板＝1956年、男鹿市の船越小学校＜岩田幸助『岩田幸助写真集 秋田 昭和三十（1955）年前後』無明舎出版、2007年＞

場に入り切れない漁師が天井の梁にまたがっているほどの人数でした。漁業補償が漁師たちにとっていかに切実な問題だったかが分かります。

ここでも「1人100万円補償の完全実施、早期着工、補償解決までの着工反対」を決議しました。そして、さらにまた小畑は最後にバンザイを提案しましたが、漁師は無言でした。雰囲気を和ませようと小畑は笑いながら言いました。

「今日は漁民大会です。漁業組合バンザイでやりましょう」

漁民は「それならいいぞ」と言う。そこで小畑は漁業組合の上に八郎潟干拓を付けて、

「八郎潟干拓漁業組合大会バンザイ」

と叫びました。満場割れるような万歳三唱が起こりました。

漁業補償要求額は約30億円

本当に息詰まるような話です。小畑の「バンザイ作戦」を皆さんはどう見ますか。「小畑知事はよくやった。誠意を持って漁民に説明した」という見方もあるでしょうし、「漁民大会は漁民の合意を取り付けるための儀式（セレモニー）だった。バンザイをやって漁民は知事に丸め込まれた」という批判的な見方もあるでしょう。私はどちらも一理あると思います。ただ、今日の講演の話の流れで言えば、干拓工事を早急に進めるために小畑は漁師からの合意を取り付ける必要がありました。そのため漁民大会を3回開き、バンザイ作戦が多少強引であっても、その場で合意を取

り付けた形にしたかったのだと思います。そのために「1人100万円補償の実施、早期着工、補償解決までの着工反対」という3項目の決議を取りつけました。

そして、次はいよいよ補償金額の交渉になりました。『小畑勇二郎の生涯』を見ると、当時干拓による漁業補償の事例はいくつかあったようですが、金額の算定に特に決まった方法はなかったそうです。そこで、小畑は県庁内に作った「八郎潟干拓推進事務局」の嶋貫隆之助局長に命じて、漁協組合員1戸ずつを訪問して漁業収入と漁具をリストアップするという調査作業を行わせました。その調査は大変な難事業だったようですが、50余人のスタッフが約3カ月で調査を終え、その資料を基にして漁業補償の金額を算出しました。その金額を踏まえて、1957（昭和32）年4月、期成同盟会が漁業補償の要望書を国に提出しました。小畑が3回の漁民大会を開いて1年足らずのことです。この辺り、ものすごいスピードで物事が進んでいたことが分かります。

さて、期成同盟会が提出した補償要求総額は約30億円でした。期成同盟会の当時の会長は二田是儀でした。干拓推進派だった二田は、今や漁民の利益代表者として補償交渉の場で国と向き合う立場になったわけです。補償要求総額30億円という金額を大きいと見るか小さいと見るかは別として、漁民大会の決議が「1人100万円補償の実施」だったことを思い出して下さい。八郎潟の漁師が約3千人でしたから、

項　目	権利補償	生活補償	合計
魚　　類	1,355	1,490	2,846
しじみ貝	61	67	127
も　　く	15	17	32
か　　も	-	8	8
計	1,431	1,582	3,013

表4　漁業補償要求額（単位：百万円）
出典：片野（1968：216　表3−5）

100万円かける3千人は30億円となります。ですから、この金額は漁民大会で小畑知事が漁師たちに約束した金額と同じでした。このことは、小畑も二田も漁師たちに対する約束を果たそうとしていたことを表していると思います。なお片野の論文によると、漁師たちはこの100万円を干拓地への入植費用に充てるつもりだったと書かれています。ですから、この頃までは「十分な漁業補償をもらって、漁師は干拓地で農業を始める」というヤンセン案の方針が貫かれていたと考えてよいのではないかと思います。

補償要求額の内訳を詳しく見てみましょう。表を見ると分かるように、補償額は大きく「権利補償」と「生活補償」の2本立てになっていました。「権利補償」とは漁業権を放棄することに対する補償で、「生活補償」とは漁業の廃止によって生じる5・5年分の生活補償のことを指します。漁業の種類には「魚、しじみ貝、もく、かも」とありますが、「もく」は水草の方言で、「かも」は鳥のカモのことです。

金額を見ると、魚の権利補償が最も大きく、13億5500万円で、生活補償がほぼ同額の14億9千万円で合計28億円。それ以外にしじみ貝の権利補償が6100万円と生活補償の6700万円を合わせて1億2800万円。それに「もく」と「かも」の補償もあって総額は約30億円になりました。

この年の8月から期成同盟会と国の折衝が始まりましたが、「権利補償14億、生活補償16億、合わせて30億円」を要望した二田らに対して、農林省の農地局長は「漁業権は補償できない。そんな例はない。漁船や漁網や漁具は補償する。所得補償一本でいきたい」と切り出し、「30億」という金額に対しては「まったく話にならん」と言わんばかりに手を横に振ったといいます。国側の最初の回答額はわずか5億円でしたが、粘り強い交渉の結果、2回目の交渉では8億円、11月には16億円まで金額が積み上がっていきました。期成同盟会はこれ以上の積み上げは困難と判断し、小畑知事に斡旋を依頼しました。12月に小畑の働きかけもあって1億円弱の積み上げが実現し、約17億円で補償交渉は妥結しました。

この金額をどう考えたらいいでしょうか。国が権利補償を認めないとして譲らなかったために、30億円から権利補償を除いた生活補償の金額に、知事斡旋で積み上げた1億円で折り合ったと言えるでしょう。交渉を担当した二田らからすれば、精一杯がんばった成果だと思っていたようですが、要求額の半額で妥結したことに不満を持つ漁師もいたようです。『小畑勇二郎の生涯』には、交渉を終えて秋田に帰った二田が漁協幹部から非難される一場面が描かれています。当時の雰囲気が感じられるエピソードです。

「二田はこの妥結額が全員に納得してもらえるものと思って地元に持ち帰った。だが、一部から『われわれの承諾なしに、なぜ調印してきた』と文句が出た。これほどまでに小畑と苦労してきたことも分からぬ連中に、二田は初めて怒った。

『不満なら、私はやめる。あとは君たちが農林省と交渉し直すことだ』

さすがの不平分子も黙った」

漁業補償の配分で大混乱

こうして、1957（昭和32）年に漁業補償の交渉は大筋で終わりました。この合意に従って、1958（昭和33）年3月から1960（昭和35）年にかけて農林省から補償金が10回以上に分けて支払われました。この補償金の配分は昭和33年6月から始まり、八郎潟湖岸一帯に「補償ブーム」を巻き起こしました。補償金総額は当初要求額の半額に減らされたとはいえ一人平均50万円です。

大型地域開発ではこの手の補償金ブームがつきものです。地元の人たちにとって、今まで手にすることのなかった大金が懐に入ってくる。さあ家を新築しよう、テレビを買おうという話になるわけですね。このことが昭和33年ごろからこの地域で起こったのです。その具体的な様子を片野の論文から紹介しましょう。

「補償金を目当てにすでに昭和32年頃から銀行、金融機関は動いていた。地元の銀行・信用金庫・農協はもとより、青森県の銀行まで乗り出し、勧誘員たちはお盆や暮れの付け届け、反物・服地・陶器セットなどの贈り物、温泉への招待などによって漁民とのつながりを固めていた。農協なども補償金を預金して入植資金とするように盛んに呼びかけていた。しかし一方、テレビ、ミシン、カメラ、オートバイなどの販売合戦も華やかで、天王町野石などは三軒に一台の割合でミシンを買い込み、同町羽立では軒並みにテレビアンテナが立てられた。漁民の多くの者が『捕らぬ狸の皮算用』で夢心地になっていたのである」

ところが、実際に補償金が支払われた途端、地元では大混乱が起こりました。そもそも農林省から補償金が振り込まれてから漁師に支払われるまでにずいぶん時間がかかりました。１９５８（昭和33）年に権利補償金が振り込まれたのですが、生活補償金が漁師に支払われたのは１９６０（昭和35）年5月なのです。なぜこんなに長引いたのかという理由が片野の論文に詳しく書かれていますが、要するに八郎潟の漁業の姿が非常に多様だったので、漁師一人一人にいくら配分するかを決めるのが非常に大変だったのです。

そして、１９６０年5月17～18日、２７２７戸の組合員全員に配分通知書（小切手）が郵送されました。補償額の平均は48万円でしたが、この日の通知書に記された金額は最低４万７千円から最高７００万円でした。金額を事前に公表すると混乱を招くということで、公表せずにいきなり送ったのでした。このことが地域にどんな大混乱を引き起こしたのか、片野の論文に次のように紹介されています。

「彼らが夢から覚めたのは5月19日の配分通知書を受け取った時である。『予想以上の額だった』と喜ぶ者も中にはいたが、むしろ『これっぽっちの補償金か』とやけ酒をあおる者が多かった。この日から湖岸の空気は一変する。これまでも配分額についてはおおよそ見当をつけていたとしても、誰もが自分に有利に予想しがちであったのだが、一片の紙切れに書かれた冷たい数字の現実の意味を知った時、漁民たちはもはや自分の家にじっとしていることはできなかった。

彼らは真っ先に県の八郎潟干拓課に押しかけて行った。5月19日早朝から150人の漁民たちがこの課に押しかけたが、翌日も100人の漁民が押しかけて抗議した。飯田川町では、網や船の持ち数や水揚高が全く同じなのに、一方が30万円で他方が8万円だった。漁民全体の中には一人で800万円近くもらっている者もいたそうだが、飯田川漁協は44人の組合員と30隻の船を擁しながら、全部で900万円しかこない。天王町羽立では、同じ規模でも漁協役員は200万円もらい、そうじゃない場合は100万円足らずだ。役員の親類などは桁違いに多く、日頃役員の反感を買っているような人は少ない等々」


このように補償金をめぐって、地域の中で大変な騒ぎが起こりました。不満を持った漁師の中から補償金の再配分、つまりもう一回配分をやり直せという声が上がりました。この再配分の動きは瞬く間に広がり、6月21日には湖岸の漁協のうち23漁協が再配分を決議しました。再配分を要求した漁師たちはムシロ旗を立ててデモを行い、漁協や県庁、果ては知事公舎にまで押しかけたそうです。この時小畑知事は海外出張中で不在だったのですが、6月25日に秋田駅に帰ってくると、再配分を求める漁師が1300人も駅で待ち構えていました。小畑は漁師と一緒に県庁に行き、直ちに再配分の検討に入りました。

期成同盟会の代表と再配分を求める漁師代表を含めた関係者約70人で「八郎潟漁業補償対策委員会」を設置して、漁師同士で再配分のルールを決めるようにしたのですが、それは結果的に漁師同士の利害対立を激化させてしまったようです。鹿渡漁協では組合長リコール問題から組合が分裂するとか、あるいは高額配分を受けた300人の漁師が再配分には応じないと決議するなど、補償金問題は漁民の間に深刻な亀裂を作り出しました。干拓に反対する時は皆一緒だったのが、補償金をもらってみたらそれが漁師を幸せにするどころか、漁師同士を分断する結果になってしまったようです。八郎潟干拓に対して、周辺地域の人々に屈折した思いがある原因の一つはこの補償金の問題だったのではないかと思います。

農地配分の展開

さて、最後に農地配分の話をしましょう。

話を1954(昭和29)年に戻します。ヤンセン案が採択されて、それに基づいた入植計画では「干拓地には干拓によって生計の途を失う漁民と、付近の農家の二男・三男の入植と既存農家の増反を行う」とされていました。それを裏付ける農地配分計画が片野論文に載っています。それによると、漁業者では入植者、つまり干拓地に入植する人は672戸で、一戸当たり水田2・2ヘクタールと畑0・3ヘクタールで合計2・5ヘクタールを配分するとされています。現在の大潟村の農地面積は一戸15ヘクタールが基本ですから、それに比べると当時の農地の規模が非常に小さかったことが分かります。

それから「増反」というのは、入植しない漁師にも田んぼを追加で配分するということです。

それが2051人で、この人たちにも水田を2ヘクタール配分することになっています。当時の漁師は約2700人でしたから、ほぼ全員に農地を配分する計画になっていたことが分かります。

　また、その下に「農業者」とありますが、これは地元の農家の二男・三男対策のために農家への農地配分が盛り込まれていたことを示しています。「二男・三男対策」について少々補足すると、太平洋戦争が終わって引き揚げ者が戻ってきて戦後の第1次ベビーブームが起こります。八郎潟周辺は農地が小さかったので、長男に譲る田んぼがあるけれども二男・三男に分ける田んぼはありませんでした。そんな背景があって、「二男・三男を入植させるから干拓に賛成してくれ」と地元に説明した経緯があったわけです。農業者の入植は27人と少ないですが、増反が5194人と、漁業者よりも多くの農家に増反地が与えられる計画になっています。入植者の合計は699人で、増反の合計は7245人となっています。

　つまり漁師は入植すれば田畑2・5ヘクタール、増反すれば田2ヘクタールが配分されるということです。「増反」ということは既に自分が持っている田畑があるわけで、それはだいたい1ヘクタールくらいだったそうです。漁師でも農地を持っていた場合は増反地と合わせて2・4ヘクタールの規模になります。これが

画		戸数	水田(一戸当)(ha)	畑(一戸当)(ha)
漁業者	入植	672	2.2	0.3
	増反	2,051	2.0	0
農業者	入植	27	2.2	0.3
	増反	5,194	1.4	0
計	入植	699	2.2	0.3
	増反	7,245	1.6	0

表5　ヤンセン案における干拓地の農地配分計画
出典：片野（1968：186　表3−1）

どれくらいの規模だったかというと、片野論文によれば「すべての漁師が上層の下か、中層の上の農家として暮らしていけると漁業者は期待した」と書かれています。ヤンセン所見に「漁師の反対運動は農地を適正に配分すれば満足するだろう」という言葉があったのを思い出して下さい。「漁師には漁業をやめてもらうが、その代り農家としていい暮らしができるくらいの農地を配分すれば漁師は納得するだろう」という考え方ですが、この農地配分計画にはヤンセン所見の考え方が生かされていると思います。

農地配分計画の変質

ところがこの農地配分計画は時代とともに大きく変わっていきます。八郎潟干拓のような巨大地域開発（ビッグプロジェクト）というのは初めに計画を立ててから完成まで何十年もかかる。その間に時代の状況はどんどん変わり、計画が完成した頃には当初の状況とは全く変わっているということがよく起こります。八郎潟干拓計画もそうでした。

時代は戦後から高度経済成長期に入ってきました。ヤンセン案が採択された1954（昭和29）年ごろには2・5ヘクタールくらいで十分だと思われていたのが、1960（昭和35）年には池田勇人首相が「高度成長・所得倍増計画」を出し、その年の9月には「農業など第1次産業人口1600万人を10年後には6割くらい減らしたい」と発言しています。「6割くらい減らしたい」というのは「減らして6割にしたい」というのではなく、「6割減らして4割にしたい」ということです。これから高度経済成長をするために、若い労働力が必要になる。だから農村から若者を都市に呼び出して新しい産業の労働力としたい。それと並行して第1次産業の人口は半分以下に減らしたい。そういう意味です。

片野の論文によれば、池田首相のこの発言は八郎潟にとってものすごく影響がありました。そして、こうした時代の流れを受けて、農林省の「八郎潟干拓企画委員会」では「優秀な青年たちを訓練して、新しい時代にふさわしい農村を作る」「日本農業のモデル」「30ヘクタールずつ12戸で水田酪農に共同利用」「入植者は原則30歳未満の優秀な農村青年を採用する」などの方針が決定されていきました。

ここで、こうした農林省の議論に地元の意向がほとんど反映されていないということに注目して下さい。これは干拓事業が国営事業になったからです。干拓事業を何とか国営事業にしようと尽力したのは小畑知事でした。それは干拓にかかる巨額の費用は秋田県だけでは負担できなかったからですが、国営にしたために入植者の基準や農地の配分の議論を農林省が主導するという結果になってしまいました。そして地域の漁師や農家の二男・三男の入植という当初の干拓の目的は大きく変質していきました。

大潟村だけを見れば「日本の近代化農業のモデル農村」ということになるわけですが、周辺地域で干拓に期待をかけた人たちには、「裏切られた干拓」という強い幻滅感が生まれたのではないでしょうか。そのことについて片野の論文からいくつか紹介します。

「昭和35年4月、農林省の企画委員会で『日本の水田農業発展のモデルたらしめること』を打ち出した時には、秋田県内の動揺が一層甚だしかった。自作農を目指していた者には共同化方式が、県の二男・三男対策協議会などには入植資金が、意欲さえあれば壮年農家でも入植できるとPRしてきた県には、30歳未満の優秀な青年を全国各地から集めるという点が、それぞれ大きな打撃となった」

１９６３（昭和38）年になると、農林省の進める入植計画と周辺地域の要望の間のギャップがますます大きくなっているのが分かります。

「農林省から一戸あたり10ヘクタール配分したいという一層飛躍した案が報告された。出席者から『これでは周辺農民との差があまりにも大きすぎて、モデルにもならない』と口々に反対意見が述べられたが、５月11日開かれた周辺11市町村長の協議会においても、10ヘクタール案は周辺地域とあまりにもかけ離れたものであり、モデルという意味は日本のモデルか、秋田県のモデルかはっきりさせるべきであるという意見が出された」

周辺地域と大潟村の間の「厚い心理的な壁」

このように、地元の期待を担っていた農地配分も地元の期待は裏切られました。その結果、「大潟村が近代農村のモデルである」とか、「日本の農業のエリートが集められた」ということも、周辺地域の人々にとっては苦々しいものにしか聞こえませんでした。このような心理的・精神的影響について、片野は次のように述べています。

「干拓開始以来、八郎潟は全国的な注視の的となった。工事中はもとより、干陸・入植と時を経過するにつれて、八郎潟を訪れる人が次第に増加している。（中略）今や八郎潟干拓は日本の観光資源の一つとなってしまった。またそこに入植する人たちが華々しい脚光を浴びているのも事実である。選抜試験、合格者発表、入所式、大型機械による訓練等、いろいろな場面がテレビや新聞で報道されてきた。八郎潟農業は、日本農業の未来のシンボルであり、入植者は日本農民のエリートである。他人がそう認めるとともに、彼ら自身がそのように自覚するのは当然であり、またそうしなければ困るのである。

しかしその反面、周辺の大多数の農民にとっては、八郎潟は既に『閉ざされた潟』であり、中央干拓地は『向こうの土地』である。その間にあるのは高い堤防ばかりではない。厚い心理的な壁が立ちはだかっている」

以上で、私の話を終わります。周辺地域の人たちが「干拓しなきゃよかったんだ」と今でも口走る、その底にある「暗い後悔の念」がどこから来るのかを知りたくて、私なりに干拓の歴史を振り返ってみました。その結果分かったのは、ヤンセン案によって八郎潟の漁師たちは漁業の存続を諦めさせられたこと、そしてその見返りに約束された「十分な漁業補償」も「農家としていい暮らしができるくらいの農地の配分」も結局は実現しなかったことです。しかし、それが「誰かの責任だ」と言い切れるほど単純な過程ではなかったことは、皆さんにも理解していただけたと思います。

生涯を八郎潟干拓にかけた二田是儀も、漁師とぶつかりながら漁業補償に尽力した小畑勇二郎も、干拓に関わった数多くの県職員も漁業関係者も「干拓の正義」や「農業振興に賭ける夢」を信じて行動したに違いないと思います。しかし、それがこんな無残な結果になってしまいました。なぜこんなことになってしまったのか。私はこの重い問いに向き合い、答えを探す作業をこれからも続けていきたいと思います。

最後に、干拓に裏切られた漁師の思いを凝縮していると思う文章を見つけました。『八郎潟―干拓と社会変動』の「干拓をめぐる農漁民の意識」（佐藤怜著）で紹介されている浜口漁協組合員H氏の言葉です。佐藤は「H氏のような感情のしこりは大なり小なりこの地域の住民の底流をなしているものと思われる」と言っています。それを紹介して私の話を終わりにします。

「国や県は俺たちをだました。干拓する時は、干拓したらその土地を俺たちに配分してやる。そうしたら出稼ぎにはもうゆかなくてもよいし、二男・三男も村を離れてゆかなくて済むし、みんなの家の暮らしも楽になるといっていたのに、干拓が終わった今になってみると、干拓造成地の配分は少ないし、そうかといって入植もなかなかできない状況にある。漁業補償にしてもその配分には必ずしも適正さを認める訳にはゆかない。このようにして、俺たちはいつもだまされ、馬鹿にされてきているのだ。いつも損をするのは、我々零細農漁民層なのだ。これからの暮らしのメドといっても、日雇いや人夫仕事での一時的な現金収入がやっとで、将来への希望なんてとても持てない」

【参考文献】

秋田大学八郎潟研究委員会・半田市太郎編　『八郎潟―干拓と社会変動』、創文社、１９６８年
小畑勇二郎顕彰会　『小畑勇二郎の生涯』、小畑勇二郎顕彰会、１９８５年
佐野静代　『中近世の村落と水辺の環境史』、吉川弘文館、２００８年
千葉治平　『八郎潟―ある大干拓の記録―』、講談社、１９７２年
富民協会編　『国土はこうして創られた―八郎潟干拓の歴史』、富民協会、１９７４年

※参考文献はすべて秋田県立大学附属図書館にある「八郎潟・八郎湖アーカイブ」で閲覧・貸出できます。

Ⅱ 解説

自分の書いた本の解説を自分でするというのはあまりないだろう。普通は本の価値をよく理解した第三者が批評として書くものだ。でもこの本の解説はどうしても私自身で書きたい理由があった。

本書は八郎潟干拓がなぜ行われたのかを私の視点から書いたものだ。そのあらすじは序章の「12の仮説」としてまとめておいたので繰り返さないが、本論ではあらすじに沿って事実の推移を語り、それに必要最低限の説明を付けるだけで精いっぱいだった。それ以上のことを語り始めたら、分量の点でも議論の複雑さの点でも到底このページ数の本にまとめることはできなかった。本書は八郎潟干拓の歴史を、私が研究の結果たどり着いた一つのストーリーに沿って語るという点に特色がある。その意味で、言いたいことはほぼ言い尽くしたし、本書は一般読者向けの歴史書として十分に成り立っていると思う。

しかし、書き終えてみて、これだけで終わっては不完全だという気持ちが抑えられない。私が本書に込めた思いや、本書の学問的な背景についても語っておきたい。

私の専門は環境社会学と「食と農の社会学」だが、本書は環境社会学の考え方に大きな影響を受けている。そもそも今回私は「干拓された側」からの干拓史を書いたが、それは「居住者、生活者、被害者の視点から環境問題を見る」という環境社会学の考え方から来ている。

また、私は八郎潟干拓を、大規模干拓事業の一つではなく、「大規模地域開発」の一つとして見ていた。大規模地域開発はこれまで全国で数多く行われたが、計画当初の景気のいい話が最後には全く違う話に変わってしまうというのはよくあることだ。あるいは、地域の外から開発計画が持ち込まれた時、地元が賛成派と反対派に分かれて対立し合うというのも八郎潟だけのことではない。開発による補償金で一時的に地域にバブルが生まれるが、間もなく潰れてしまうという話も、開発計画が持ち込まれた地域ではどこでも起こり得ることである。また、大規模地域開発が公害や環境問題を引き起こした例は多い。環境社会学には大規模地域開発に関する多くの研究の蓄積があるので、本書はそれらを参考にしている。

このように、私は環境社会学の知識をたくさん参考にしながら本書を書いた（もちろんそれ以外の知識も使っている）。だから、どんな知識を参考にしたのかをきちんと説明しておきたいと思う。いわば、本書を書いた「舞台裏」を皆さんに見てもらいたい。そうすれば、本書の長所と欠点をよりよく理解してもらえるだろうし、読者の皆さんがこれから八郎潟・八郎湖を考える時、あるいはほかの社会問題を考える時のヒントが得られるのではないかと考えたのである。

大規模地域開発としての八郎潟干拓

「地域開発」という言葉を辞書で引くと「地域の潜在的可能性を開くことを掲げる社会的計画。その先駆的な例としては、アメリカの大恐慌を救ったとされるニューディール政策の一環としてのTVAなどが挙げられる。開発や計画の主体や推進力としては、行政や企業体が中心となることが多く、とりわけ日本では住民の関与や参加は少ない」と書かれている（『日本大百科全書ニッポニカ』）。具体的には「全国総合開発計画」（全総）や、田中角栄元首相がぶち上げた「日本列島改造論」などが有名である。八郎潟干拓の場合、「地域の潜在的可能性」とは「浅くて広い八郎潟を干拓すれば大規模な農地が得られる」ということであり、その事業を国が主体となって進めたのだから、典型的な大規模地域開発といえる。

大規模地域開発は、新しい産業を作るとか、経済的に豊かになるという触れ込みで話が持ち込まれるが、結果的にそうならなかった事例は数多い。身近な例では、青森県下北半島の六ヶ所村開発がある。１９７０年代に石油化学コンビナートを建設するという当初の計画はその後の経済情勢の変化によって中止され、取得していた３５００ヘクタールの用地は空き地のまま放置されていたが、１９８４（昭和59）年にウラン濃縮工場、低レベル放射性廃棄物埋設施設、再処理工場からなる核燃料サイクル施設の建設計画が発表された。青森県の世論を二分する大論争を経て、六ヶ所村と周辺地域は世界でも例を見ないほど原子力関連施設が集中する地域になってしまっている（舩橋晴俊ら『巨大地域開発の構想と帰結』、東京大学出版会、１９９８年）。石油コンビナートを作るという最初の約束はホゴにされ、放射性廃棄物の処分場を作られてしまったという話である。

大規模地域開発の恐いところは、国や企業集団が勝手に立てた開発計画が地域に突然下ろされてくる点だ。地元住民が全く知らないところで計画が作られ、ある日突然それが発表されて地元では大騒ぎになるというのがお決まりのパターンだ。八郎潟干拓もそうだった。本論でも触れたが、明治以来何度か作られた干拓計画は、地元の意見を全く聞かずにその時々の国策に沿って作成されたものだった。

国主導の地域開発の二つ目の問題点は、地元がひとたび計画を受け入れてしまうと、その後の計画変更などがあった時に地元が抵抗することが非常に難しいことである。本論でも述べたが、八郎潟干拓でも周辺地域の二男・三男が優先的に入植できる約束だったのに、その後の国の産業政策の転換によって「全国から30歳未満の優秀な青年を全国から集める」という方針に変更され、地元はそれを飲まざるを得なかった。

三つ目の問題点は、大規模地域開発は計画立案から事業の完了まで十数年を要することが多いが、その間に経済情勢や社会情勢が大きく変わって、計画の意義そのものが失われてしまうことがある点である。八郎潟干拓でも、計画が立案された1952（昭和27）年では食糧不足を解消するための米増産という目的に意義があったが、その後米不足は解消され、国民の米消費減少による米余りの時代になって、1969（昭和44）年に農水省は減反政策を開始した。この頃、八郎潟では干拓工事は完成し、大潟村では第1次入植者による初めての米収穫を終えていた。「さあ、これから本格的な米作りだ」という時期に、大潟村でも減反実施と、第5次以降の入植募集の延期が発表される。「大規模水田で自由に米を作れる」という入植時の約束はホゴにされてしまったわけだ。その意味で、大潟村村民も大規模地域開発の犠牲者だという一面を持っている。その後、村は減反を守る「減反順守派」と全面積に米を作付けする「自主作付派」（自由米派）に二分されて激しく対立するという苦難の時代を迎えることになる。

居住者、生活者、被害者の視点に立つ

先に述べたように、環境社会学には「居住者、生活者、被害者の視点に立つ」という考え方が

ある（飯島伸子編『環境社会学』、有斐閣、１９９３年）。こういう考え方が生まれたのは、多くの環境問題では問題を起こすのは企業や国などの組織であり、損害を被るのは地域に住む人々だという事実から来ている。例えば水俣病を見てみよう。水俣病を引き起こしたのは有機水銀を含む工場排水を海に垂れ流していたチッソという企業であり、被害者は有機水銀を含む魚介類を食べて恐ろしい水銀中毒に苦しんだ地元の漁民たちだった。こうした事実を踏まえて、環境社会学では「環境問題の本質は住民や被害者の視点からしか見えてこない」という考え方に立つようになったのである。

本書もこの視点に立っている。ただ、残念だったのは、干拓反対運動に関わった漁民の方々が既に他界されていて直接会って話を聞くことができず、一次資料を入手することもできなかったために、研究論文などの二次情報に頼るしかなかった点である。しかし、干拓推進派の文献はたくさんあっても、周辺地域の状況を詳しく調べた研究は今回参照した『八郎潟―干拓と社会変動』の片野論文しかなく、それに依拠せざるを得なかった。この点は本書の大きな限界である。これから干拓反対運動の資料を探し出して、少しでも漁民の生の声を基に私の考えを深めていきたい。

そうした資料の制約はあったが、私は「本当は知らない八郎潟干拓の話」の最後で「周辺地域で干拓に期待をかけた人たちには、『裏切られた干拓』という強い幻滅感が生まれたのではないか」（76ページ）と書いた。「周辺地域にとって八郎潟干拓は『裏切られた干拓』だった」というのが、本書を書きながら考えた私の認識の到達点である。

これはどのくらい地元の人々の思いを言い当てているだろうか。「裏切られた干拓」という考えはまだ仮説であって、読者の皆さんの意見も聞きながらどこまで妥当するのかを慎重に検討しなければならないが、もしこれが正しいとすれば、本書の冒頭で述べた「周辺地域の人たちが『干拓された側の歴史』を語らない」とか、「干拓や大潟村に対して屈折した思いを抱いている」とか、『干拓しなきゃよかったんだ』という言葉がいろいろな場で漏れ聞こえる」という事実をうまく説明できるように思う。

しかし、「裏切られた干拓」という考えが正しいかどうかはおくとしても、八郎潟の周辺地域の人々が干拓に対して複雑な思いを持っていることは間違いないだろう。この複雑な思いをどうしたらいいのだろうか。干拓の経緯を知っている人はどんどん他界していくのだから、放っておけばこの思いも風化して、すべて忘れられていくだろう。果たしてそれでいいのだろうか。

私はよそ者なので、こんな微妙な問題について、地元の人に意見をする資格はないと思っている。ただ、八郎潟・八郎湖を大切に思って20年活動してきた人間として一言だけいいたい。それは現実の八郎潟とは別に「心の中の八郎潟」というものがあるということである。「心の中の八郎潟」とは八郎潟に対する深い愛情である。干拓前の八郎潟を知っている人たちが潟の思い出を語る時の楽しそうな様子を見るたびに、「この人たちには『心の中の八郎潟』がある」と感じてきた。

しかし、干拓後に生まれた若い世代は、もう八郎湖に行くことも見ることもほとんどない。小学校時代に環境学習の授業を受けた子どもたちは、八郎湖に対する一定の知識と経験を持っているが、子どもたちを八郎湖に連れて行くと、ほとんど全員が「初めて見た」「知らなかった」という。つまり、「心の中の八郎潟」は干拓後の若い世代には継承されておらず、彼らにとっては八郎潟も八郎湖も既に「遠い湖」になってしまっているのである。

八郎湖といえば水質やアオコが問題にされ、秋田県の対策もほとんどが水質改善に焦点を当てているが、「心の中の八郎潟」を継承するという課題もそれに劣らず重要な課題だと私は思う。将来八郎湖の水がきれいになる日が来たとしても、地域の子どもたちが「心の中の八郎潟」を受け継いでいなければ、八郎湖に注目することもそれを利用しようと思うこともないだろう。

石田玲水は少年時代の汚れを知らない心情を「わがみずうみ」という美しい詩に詠んだが、暗い後悔の念を踏まえた、もう一つの「わがみずうみ」が詠まれるべきではないのか。清濁入り交じった言葉を手掛かりに、干拓の複雑な過去を含めて、八郎潟への深い愛情を未来の世代に受け継いでいくことができるのではないだろうか。

心の中の八郎潟、語り継がねば消えていく。

ヤンセン案と八郎湖の富栄養化

話を変えて、八郎湖の水質問題と干拓計画の関係について考えてみたい。本書で示したように、八郎湖の水質悪化が一向に改善されない根本的な原因はヤンセン案に基づく干拓地の構造にあると私は考えている。

第1に、日本海とのつながりを防潮水門によって遮断して淡水湖にしたことである。「海水が八郎湖に入ればアオコの発生が抑えられるだろう」という意見は研究者からも出されているが、海水に含まれる塩分が干拓施設（取水口や配管など）を腐食させるという理由で海水導入は一度も本格的に検討されていない。

日本海とのつながりを遮断したことによるもう一つの弊害は、農業用水が必要になる灌漑期間（4月下旬から8月下旬まで）は八郎湖の水位を海水面から1メートル高く保つという規則があることである。梅雨の季節には雨が多いので大潟村と周辺地域に降った雨は八郎湖から日本海に流れ出るが、梅雨が明けると雨の量が減るので、水位1メートルという基準があるため、八郎湖から日本海に流れ出る水の量も減る、言い換えると八郎湖の水がよどんでしまう。よどんだ湖水に夏の太陽の日射しで水温が上がることで、アオコが大量発生する条件が整うのである。一言でいえば、農業用水に使うために八郎湖の水位を人口的に一定に保つことがアオコ発生の一因になっているということである。

第2に、干拓によって漁業をやめたことである。このことも本論で触れたが、ヤンセン案では「湖は残すが、それは貯水池であって、そこで漁業の存続は考えない。漁民の反対運動は干拓後の農地を適正に配分することで解決できるだろう」とされている。ここで一言触れなければならないが、正確にいえば、干拓後の八郎湖でも知事の許可漁業という形で漁業は続いている。この経緯は本書の範囲を超えるので詳しい説明はしないが、興味のある方は杉山秀樹氏の『八郎潟・八郎湖の魚』（秋田魁新報社、２０１９年）の１００ページ以降を参照してほしい。

「漁業の中止と水質悪化にどんな関係があるのか」と疑問に思う方もいるかもしれないが、八郎湖の水質問題は富栄養化といって、チッソやリンなどの栄養分が湖水中に多すぎることなのである。魚や貝類は水中の栄養分を食物連鎖を通して吸収して成長するので、漁業によって魚介類を漁獲するということは、湖の栄養分を外に持ち出すこと、つまり富栄養化を抑えることにつながっているのである。

それでは、干拓前と干拓後では、八郎潟・八郎湖の漁獲量はどのくらい違っているのだろうか。上記の杉山氏の本によれば、干拓前の4年間（1950〜1953年）と干拓後の5年間（2011〜2015年）を比較すると、干拓前の約1895トンに対して、干拓後は265トンと約86％減少という結果である（前掲書、101〜102ページ）。量が激減した理由は、干拓前のシジミがほぼ絶滅したこと、コイ、フナ、ボラ類、スズキなどの多様な魚が激減し、魚体が小さいワカサギが全体の90％を占めているという事情による。八郎潟の魚介類を食べる「潟の食文化」が衰退したため、今では八郎湖で獲れる魚のうちで商品価値があるのは佃煮の原料になるワカサギとシラウオだけになってしまった。

2000年代に、コイ、フナ、ブラックバスなどの大型魚を捕獲して魚粉堆肥を作り、その堆肥を使った野菜を育てる循環型農業の試みがあったが、行政の補助金がなくなるとともに消滅してしまった。富栄養化の抑制と八郎湖の漁業振興をつなげるこのような取り組みはもっと検討されるべきである。

ヤンセン案と八郎湖の富栄養化の関係を示す第3の理由は、八郎湖の湖岸のほとんどをコンクリート堤防で覆ってしまったことである。干拓前の八郎潟の湖岸はなだらかなヨシ原で、子どもの足で何百メートル沖の方に歩いても危ないことはなかったという。このなだらかな緩斜面の水辺には、ヨシ、ガマ、マコモなどの抽水植物、セキショウモ、ヒロハノエビモ、ミズオオバコなどの沈水植物が生い繁っていた（松田孫治「八郎潟湖岸地帯の高等植物相」、八郎潟総合学術調査会『八郎潟の研究』（1965年、374ページ）。こうした豊富な水辺の植物帯は植物プランクトン、動物プランクトン、底生生物、魚類や鳥類の住処となり、八郎潟の豊かな生態系の基盤を成していた。

しかし、干拓後の八郎湖の湖岸は、周辺地域側も大潟村周辺側もほとんどがコンクリート堤防で覆われたため、潟上市天王大崎地区の旧湖岸部などごく一部を除いて、岸辺のヨシ原は消失してしまっている。実際に八郎湖の湖岸に行ってみると、コンクリートの堤防がずっと続く無機質な風景が見られるだけである。コンクリート堤防を降りて八郎湖に入ろうとすると、すぐに水深1メートルほどの深さになっているので、大人でも長靴では入れない。胸まである防水スーツ（ウェダースーツ）を着るのが普通だが、それでも波が高い日には入るのは危険である。当然子どもが入ることはできない。周辺の学校でも「危険だから八郎湖には近づかないように」と指導しているが無理もない話である。

しかし、コンクリート堤防の先に砂を入れて浅瀬を造成し、ヨシ、ガマ、マコモなどの植生を復元させた場所もある。潟上市天王大崎地区にある「植生再生地点」である。地域の市民団体「潟船保存会」が2005年に建設して以来、地域の小学生が植物を植え続けている（谷口吉光・石川久悦「住民と行政の協働による八郎湖の湖岸植生再生の試み」『八郎湖流域管理研究』第2号、2014年）。こうした取り組みをもっと広げる必要がある。

以上、ヤンセン案と富栄養化の関係を3点にまとめて紹介したが、干拓地の構造がいかに八郎潟の自然環境を破壊したかが理解されただろう。きれいな湖水だけでなく、豊かな生態系、自然界の栄養循環、水辺の景観、人と潟のつながりなど、本当に多くのものを失ったことを実感する。

そして、こうした問題は干拓地の構造そのものに起因しているために、解決が非常に難しいのである。つまり、干拓が計画された時に、残された湖に富栄養化が起こることが想定されていなかったので、大潟村にも周辺の地先干拓地にも、農業排水を浄化する沈澱池のような装置が組み込まれていなかった。八郎潟干拓地には「排水処理装置のない工場」と呼ぶべき根本的な欠陥がある。

干拓地の根本的な欠陥のために、秋田県が何十年対策を講じても八郎湖の水質が改善する見通しは立っていない。こういうと、「富栄養化が深刻なのは八郎湖だけではない。全国の干拓地や湖沼でも起こっている」という反論があるかもしれない。ある研究者が「富栄養化は干拓地の宿命だ」と言うのを聞いたことがある。

しかし、こんな宿命論に甘んじて、なすすべもなく現状を座視していいはずはない。水質改善が進まないために、八郎湖には「水が汚い」とか「アオコが出る」という悪いイメージが定着してしまった。八郎湖が価値を失うにつれて、地域の人々は八郎湖への関心を失い、先ほど述べた干拓の記憶の風化と相まって八郎潟・八郎湖に対する無知と無関心が広がる。この悪循環は身体を蝕む進行性のガンと同じように「地域の死」につながる致命的な病だと私は思う。

このことは大潟村の人々にとっても他人事ではない。大潟村は秋田県で最も有機農業が盛んな地域だ。村の農家が環境に配慮した農業や暮らしをしていることは私もよく知っている。しかし、大潟村の農業用水は八郎湖の水を使っている。使い終わった農業用水は3カ所の排水機場から八郎湖に排出され、その水がまた取水されて農業用水として使われる。「循環灌漑」と呼ばれるこうした水利用の方法もヤンセン案に盛り込まれている。大潟村の農家もヤンセン案の欠陥から免れてはいないのである。水質改善が進まない中、「アオコの水で米を育てている」という事実が大潟村農業の存在理由を脅かしていることを直視すべきである。

【参考文献】

飯島伸子編『環境社会学』、有斐閣、1993年。

石田玲水「わがみずうみ」、『八郎潟風土記』、1988年（復刻版）、88～92ページ。

片野健吉「八郎潟干拓と周辺地域の社会変動」、半田市太郎編『八郎潟—干拓と社会変動』、創文社、1968年、177～245ページ。

杉山秀樹『八郎潟・八郎湖の魚』、秋田魁新報社、2019年。

谷口吉光・石川久悦「住民と行政の協働による八郎湖の湖岸植生再生の試み」、『八郎湖流域管理研究』第3号、2014年、73～80ページ。

船橋晴俊・長谷川公一・飯島伸子編『巨大地域開発の構想と帰結』、東京大学出版会、1998年。

松田孫治「八郎潟湖岸地帯の高等植物相」、八郎潟総合学術調査会『八郎潟の研究』、1965年、372～388ページ。

III　八郎潟を考えるためのブックガイド

本書で紹介する本は全て秋田県立大学附属図書館にある「八郎潟・八郎湖アーカイブ」で閲覧・貸出できます。学外者は図書館カウンターに身分証明書を提示してお申し込み下さい。「利用者証」を発行します。「利用者証」をお持ちでない場合、あるいは直接ご来館出来ない場合でも、所属の大学図書館もしくは最寄りの公共図書館を通じて本学の図書を借りることができます。

問い合わせは秋田県立大学附属図書館

TEL　018・872・1561　E-mail : a_library@akita-pu.ac.jp

ブックガイド①

秋田大学八郎潟研究委員会　代表　半田市太郎編

八郎潟―干拓と社会変動

（創文社　１９６８年刊　Ｂ５判　６１１ページ）

八郎潟干拓を周辺地域の視点から学ぶための必読書である。この本は八郎潟に関係する研究をしていた秋田大学の人文・社会科学系教員７名が１９６５～６年に文部省（当時）の科学研究費の助成を受けて行った共同研究の成果である。著者名と専門分野は以下の通り。半田市太郎（日本史）、北条寿（人文地理学）、片野健吉（社会学）、佐藤怜（心理学）、戸田金一（教育学）、藤原良毅（教育学）、佐藤守（教育学）。次の９章から構成されている。

第１章　近世期における八郎潟周辺農漁村（半田）
第２章　明治以降の八郎潟湖岸農漁業（北条）
第３章　八郎潟干拓と周辺地域の社会変動（片野）
第４章　八郎潟湖岸農漁民の意識（佐藤怜）
第５章　八郎潟湖岸農漁村における近代学校（戸田）
第６章　八郎潟湖岸農漁村における学校統合（藤原）
第７章　八郎潟湖岸農漁村における青年集団（佐藤守）

第8章　八郎潟周辺地域における青少年問題（佐藤怜）
第9章　課題と展望（半田）

本書を執筆するに当たっては、主に第1章から第3章を参照した。この三つの章を読むと古代から現代までの八郎潟周辺農漁村の歴史を通読できるので、その意味でも貴重な資料である。600ページを超える大著で、本というより辞典のような厚さだが、文章は平易で読みやすい。具体的な事実を踏まえた図表、写真、地図が数多く掲載されているので、現在の地名と照らし合わせながら読めば、地域の歴史を知るための格好の手引き書にもなるだろう。また巻末には付録として年表や重要な歴史的資料が収載されている。

ブックガイド②

八郎潟総合学術調査会

八郎潟の研究

（秋田県教育庁社会教育課　1965年刊　B5判　1010ページ）

前出の『八郎潟』とよく似たタイトルと体裁の本だが、こちらの方がより学際的な総合研究の報告書である。干拓によって消えゆく八郎潟を永久にとどめるために、秋田県教育委員会が

1961年に八郎潟総合学術調査会（会長は渡辺万次郎秋田大学長）を設立し、22名の調査委員と調査員、10名の専門委員、数十名の協力者の協力を得て、4年がかりでまとめたものである。4部24章からなる大著である。八郎潟に関する基礎的な事項（特に自然科学的な事項）を学ぶための必読書である。

▽地学編

八郎潟周辺の地質及び地形（藤岡一男・高安泰助）

八郎潟の地史（藤岡一男）

八郎潟域の地下資源（木下浩二）

八郎潟の土と水（塚本元・黒田貞蔵・宮崎武美）

八郎潟の水質と土質（佐原良太郎・新堀孝義）

八郎潟周辺の遺跡（奈良修介・磯村朝次郎）

▽生物編

八郎潟の鳥類（井上晴夫・西出隆）

八郎潟の魚類（片岡太刀三）

八郎潟の沿岸及び湖底の動物（井上晴夫）

八郎潟の動物プランクトンの季節的消長（橋本光正）

八郎潟湖岸地帯の高等植物相（松田孫治）

八郎潟の水生植物群落の分布と生産量（加藤君雄）

八郎潟の植物プランクトンと基礎生産（市村俊英・小林弘・加藤君雄）
▽社会編
藩政時代の農業（半田市太郎）
明治以降における八郎潟周辺地域の農業（北条寿）
水産業の発達（関喜四郎）
八郎潟周辺地域の経済（商工業）および交通の地理学的研究（三浦鉄郎）
八郎潟周辺の集落（工藤吉次郎）
八郎潟周辺地域の人口変動（宮崎礼次郎）
▽民俗編
総説（今村義孝）
社会と生活（門間光夫・今村義孝）
儀礼と歳時（今村義孝・今村泰子・中谷雅昭）
祭祀と信仰（新野直吉・今村義孝）
言語と口承文芸（北条忠雄・今村泰子・門間光夫）

ブックガイド③

富民協会編

国土はこうして創られた―八郎潟干拓の記録

（富民協会　1974年刊　B6判　283ページ）

ジャーナリストによって書かれた干拓の歴史だが、とても読みやすく、実在の人物が小説の登場人物のように生き生きと描かれている。

この本の特徴は、地元の干拓賛成派の立場に共感して全体を書き切っている点にある。「干拓前の八郎潟周辺には巨大干拓を受け入れる素地があった。それは農漁民の暮らしの貧しさと不安定さである」と著者はいう。

冒頭の「開墾屋稼業」では、推進派の中心人物だった二田是儀の心情と思想が、彼の個人史と絡めて具体的に紹介されている。二田は山形県出身。東京帝国大学でインド哲学を勉強した後、二田家の養子になる。生まれ故郷山形の肥沃な農地と比べて、八郎潟周辺の農地は「沃土とはほど遠い泥土ばかり」だった。二田家は12代続いた開墾者の家系であり、二田は農漁民の暮らしを「百姓で食っていけぬから漁に出る。毎年、漁船が転覆し、何人かが湖底に沈む」と批判的に捉えていた。

このような二田が、同じく干拓による農業発展に執念を燃やす技術者・師岡政夫や小畑勇二郎知事らと出会って、幾多の困難を乗り越えて八郎潟干拓事業を実現していく。この本はそういうストーリーで貫かれている。
二田のような人物がいたから地元で強力な干拓賛成派が生まれた。この本を読むと干拓賛成派が生まれた背景がよく分かる。
この本では実在の人物の生々しいやりとりが実名で詳しく書かれている個所が多い。よほど入念な取材をしなければ書けない（関係者から抗議される）記述が多いことに驚かされる。残念ながらこの本の著者が誰か分からない。「富民協会編」となっていて、まえがきでは「毎日新聞と富民協会のスタッフの手でまとめられた」とあるが、個人名は書かれていない（富民協会は大阪毎日新聞の本山彦一が設立した財団法人なので毎日新聞と関係が深い）。富民協会に問い合わせようと思ったが、２００４年に解散しており連絡がつかなかった。

ブックガイド④

八郎潟干拓事務所編

八郎潟干拓事業誌

（農業土木学会発行　１９６９年刊　Ｂ５判　８１５ページ）

八郎潟干拓事業そのものについて学びたい人には本書を推薦する。本書を編集した「八郎潟干拓事務所」は干拓工事が着工された１９５７年5月1日に設置され、国営工事が完了した１９６９年3月31日に閉鎖された（その後の干拓地内の工事は「八郎潟新農村建設事業団」に引き継がれた）。本書は12年間の干拓工事と関連事業に関する詳細な記録である。目次は次の通りだが、全体の6割に当たる約５００ページが第2編の農業土木や機械関連の記録に充てられている。八郎潟周辺地域との関連では、３・１「補償」で漁業補償や用地補償などに関する記述がある。

第１編　調査計画編
　１・１　事業の沿革
　１・２　一般計画
　１・３　調査研究
第2編　設計施工編
　２・１　仮設・準備工
　２・２　堤防工
　２・３　排水工
　２・４　用水工
　２・５　道路・橋梁工
　２・６　農地整備
　２・７　地震災害
　２・８　施工機械

ブックガイド⑤

農林省構造改善局編

八郎潟新農村建設事業誌

（農業土木学会発行　1977年刊　B5判　992ページ）

国営干拓事業が終了した後、干拓地内では新農村建設事業が開始された。この事業はまず八郎潟湖底を陸地化した「大地」に農地、道路、橋、水路などのインフラを建設し、その上に住宅、公共施設、学校、農業用施設、上下水道、墓地、ゴミ処理場など入植者の生活基盤の整備、入植者の営農指導や集落計画などソフト事業の実施という多方面の事業を総合的に推進するものであった。本書は1969年から1977年にわたる本事業の詳細な記録である。

全体が以下の8部に分かれている。ほとんどが干拓地内部（大潟村）の話であるが、周辺地域との関連では第7編「基幹施設編」に、7・5「船越水道」、7・6「防潮水門」、7・7「調整池」、7・8「施設管理」に合計60ページほどの記述がある。

第1編　総括編
第2編　新農村編
第3編　農事編
第4編　農地整備編
第5編　集落整備編
第6編　農業用施設整備編
第7編　基幹施設編
第8編　資料編

また、この事業を担った「八郎潟新農村建設事業団」が八郎潟干拓全体を振り返った記録『八郎潟新農村建設事業団史』も1976年に発行されている（A5判、573ページ）。八郎潟干拓事業のコンパクトな記録として活用することができる。

ブックガイド⑥

小畑勇二郎顕彰会編

小畑勇二郎の生涯

（小畑勇二郎顕彰会発行　1985年刊　非売品　A5判　849ページ）

八郎潟干拓に取り組んだ地元の政治家として、二田是儀と並んで小畑勇二郎秋田県知事を忘れることはできない。本書でも小畑の言動について何度か言及したが、小畑自身が八郎潟干拓をどう考えていたのかを知るための必読文献である。1955年から79年までの6期24年間知事の座にあった小畑にとって、八郎潟干拓は知事になって最初に取り組んだ大事業であった。第7章「八郎潟干拓に賭けた執念」に38ページに及ぶ記述がある。

知事に就任した55年はまれに見る長梅雨で、八郎潟沿岸の約3千ヘクタールの水田が冠水し、その被害を現地で見た小畑が干拓着工を決意したと書かれている。「小畑を着工に奮起させた直接的なきっかけは、しばしば、水害に泣かされる沿岸住民の苦境を目のあたりにしたことであった。農民の切ない思いに胸を痛めていた」（184ページ）。

その後の干拓計画、工事開始、漁民の補償問題、新農村建設などの局面で小畑がどう発言し、行動したかが簡潔に説明されている。特に漁民の補償問題がこじれて再配分となった時、小畑が利害の割れた漁民の仲介役を買って出て、4年かけて決着させた困難な経緯は詳しく描かれている（208～213ページ）。小畑の評伝という性格上、彼の手腕を賞賛する言葉が多いが、漁民側の言い分についてもきちんと言及され、全体としてバランスの取れた記述になっている。

本書が刊行された16年後の2001年に『大いなる秋田を―「小畑勇二郎の生涯」補遺選』が小畑勇二郎顕彰会から刊行された。そこには小畑が79年に大潟村で行った講演「大潟村の今後に期待するもの」が収録されている。この講演で小畑は「ぜひ周辺の農家の方々に聞いていただきたい」として、干拓によって周辺地域の農家がいかに経済的に豊かになったかを力説している（361～362ページ）。干拓の正当性を真正面から主張した小畑の言葉は、知事としてこの事業をやり遂げた本人であるがゆえの重みがある。歴史の証言として今後も参照される価値があると思い、その概略を紹介する。

「八郎潟周辺の農家の方々は昔のことを忘れております。八郎潟の干拓はいったい何のために行ったのでしょうか。それは、周辺農家の災害を除去し、経営規模の拡大と所得の向上のためであります。

いま、その目標のとおりできたではありませんか。あの春と秋の悲惨な水害は全くなくなりました。かつての水田は乾田になりました。周辺町村の平均反収を調べてみましたが、平均反収で干拓前と後では45パーセント伸びております。地先干拓には1042ヘクタールの地先増反ができております。

このように八郎潟の干拓によって、周辺農家がいかに潤って豊かになったか、これは計り知れないものがあります。それをもうすっかり忘れて、この新農村建設に対し、非常な羨望の目を持ち、あるいは冷ややかな批判をしておられる。こんな悲しいことはございません。どうか周辺の農家も、八郎潟干拓によって、自分たちの経営も豊かになった、水害もなくなった、本当によかった。こういう気持ちで八郎潟の新農村建設に、もっと暖かい気持ちをもって援助してもらいたい。こう思います」

ブックガイド⑦

石田玲水著

八郎潟風土記

（富民協会　1956年初版刊　1988年復刻版刊　新書判　116ページ）

一日市町（現八郎潟町）生まれの詩人、随筆家でジャーナリストでもあった石田玲水が干拓工事の始まる直前に出版したのが本書である。八郎潟を巡る四季の風景や人々の姿が詩、短歌、随筆を交えて詩情豊かに謳《うた》われている。

石田は八郎潟を「わがみずうみ」と呼び、ふるさと（故郷）と呼び、「私も故郷を慕って止まないひとりである」と素直に表し、八郎潟を慕う心情を尽きることなく語っている。

八郎潟・八郎湖学の視点から言えば、石田の功績は「八郎潟は私のアイデンティティーの源だ」

と言い切った点にある。アイデンティティーとは心理学の用語で「自分が自分らしくあること」という意味である。「八郎潟は私のアイデンティティーの源だ」というのは、「自分が自分らしくあるのは八郎潟とのつながりのおかげだ」ということである。

本書の「湖畔を懐う」で石田が自分を「八郎人」と呼んでいるのが、その根拠の一つと言えるだろう。

「八郎潟の風光を愛して止まない舘岡栗山画伯が自らを称して『八郎人』と呼んでいるが、いみじくもいいけるかな。『八郎人』…八郎潟を朝夕眺め、八郎潟から獲れた魚を食い、八郎潟の潟風に吹きつけられて育って来たものは、まさに『八郎人』でなくて何であろう」(94ページ)。

八郎潟を懐かしむ人は多いが、石田は「自分と八郎潟は一体だ」と言い切った。石田の「わがみずうみ」が今でも地元の人々に愛唱されるのはそのためだと思われる。

しかし、石田は本書で干拓工事や漁民の反対運動について一切触れていない。「干拓に反対して八郎潟を守る」というような運動的な言葉も出てこない。石田は干拓を抵抗できないものとして無念の気持ちとともに受け入れ、その上で「八郎潟を今のうちに多くの人々に伝えることは、懐しい自然へのせめてもの感謝のあらわし方であると思う」と語るにとどめている(113ページ)。これはこの時代の良心的知識人の限界と言えるだろう。

もう一つ石田について指摘しておきたいのは、彼が干拓前の八郎潟を失われたものとして過去に葬り、干拓後の八郎湖には八郎潟のような愛着を抱いていないという点である。この「八郎潟への強い愛着と八郎湖への無関心」という心の構えは石田が原型を作り出し、現在に至るまで多くの人々に受け継がれている。八郎潟・八郎湖学が挑戦しているのはこの過去と現在の断絶をつなぎ直すことである。

ブックガイド⑧

消えた八郎潟

石川次男著

（嶋崎新経済研究所出版局　1965年刊　262×338ミリ　160ページ）

干拓前の八郎潟の風景と干拓工事を撮影した写真集を2冊紹介したい。どちらも地元のアマチュア写真家が長い時間をかけて撮影した貴重なものだ。

石川次男の『消えた八郎潟』は干拓前後の7年をかけて八郎潟と干拓工事を撮影し続けた記録である。干拓前の八郎潟の写真は冒頭の「潟の四季」に21枚、「潟の漁法」に36枚収録されている。見開き2ページをいっぱいに使って八郎潟を写した10枚の特大写真は、何度見ても八郎潟の広さ、光、風や空気を感じさせてくれる。

後半は「干拓工事」として64枚の写真が収められているが、ここでも工事中の八郎潟湖面、干陸された湖底の土、大型機械によって変貌した農地までの過程が何枚もの特大写真の迫力をもって示されている。

これだけの写真を撮った経緯について、石川は「序」で次のように語っている。

「商売をおっぽり出して、毎日出かけました。朝早く出かけていっても、いつの間にか夜になり、車のなかで夜を明かしたことも。私は八郎潟が大好きだったので一心にシャッターを切ったのです。八郎潟はもうなくなってしまう。漁夫たちもいなくなってしまう。いまの八郎潟の姿をひとりでも多くの人に知ってもらおうという気になりました。もうどこに何があって、どうなっていたか、すべてアタマのなかに残っております。それだけに消えていった八郎潟がなつかしく、思い浮かべて胸がつまります」（4～5ページ、順序を入れ替えたところがある）。

本書を出版した嶋崎新経済研究所の嶋崎栄治所長は大川村（現五城目町）の出身で、研究所創立15周年の記念事業を計画していた時に、石川から撮りためた膨大な未整理の写真を見せられて、これを写真集にまとめて出版することで研究所の創立記念事業にすることを決心したという（6ページ）。奇しくも八郎潟に思いを持った同郷人の出会いが本書を生んだのである。

なお、本書にはB5判で24ページにわたる英文の別冊解説書が添付されている。世界中の人々に八郎潟の出来事を伝えたいという関係者の熱意が感じられる。

ブックガイド⑨

写真集　潟の記憶

川辺信康著

（秋田魁新報社　1991年刊　A4判　114ページ）

本書は1953年から1970年までの18年間に著者が撮りためた約2万枚のネガから166枚を選んでまとめた写真集である。川辺は秋田県警察に務める公務員で、休日を使って八郎潟干拓前後の様子を文字通り手弁当で撮影し続けた。

川辺の『潟の記憶』と石川の『消えた八郎潟』はどちらも当時を伝える写真記録としてかけがえのない貴重なものだが、石川が被写体を包む空気感をも伝えるような作風なのに対して、川辺は被写体そのものを写実的に記録する作風だといえる。冒頭の「思い出」には、干拓前の漁民の暮らしを伝える解像度の高いクリアな写真が数多く収められている。例えば、7ページの漁船に満載された「エビ笯《ド》」、シケのあと湖岸に打ち寄せられた「モグ」の写真などは、遠景の建網の編み目まで確認できそうなクリアな写真で、大きく引き伸ばして詳しく調べたい気持ちにさせられる。

二人の写真家は、写真の作風だけでなく、八郎潟干拓に対する見方にも違いがある。川辺には八郎潟への強い思い入れはない。干拓反対運動についても次のように冷ややかに見ている。

「周辺住民が当初一斉に反対の『のろし』をあげたのも、単純なノスタルジーからの抵抗が主のようだったと思う。素朴な地元住民と、ごく限られた人びとのむしろ旗を掲げた反対運動は花火線香のようなはかないものだった。やがて、補償交渉が解決し始めるとともにいつの間にか、かつての反対派の漁民も、賛成派の人々も干拓工事の先兵に変身していった」（巻頭の「追憶」）。
川辺が干拓に抱いていたのは、「潟を拓き、そこで根づいた未知の人々の息吹きを、新たな歴史と文化を築く壮大なドラマとして、いつまでも美化し続けたいという思い」だった（113ページ）。しかし、国が減反政策を始めた1970年に川辺は18年続けた撮影をやめる。このドラマを美化し続けることが不可能になったからである。本書は減反の方針を告げる説明会の写真で終わっている（109～110ページ）。大潟村の入植者たちがうつむいた様子で説明を聞いている姿が川辺の見続けたドラマの終焉《しゅうえん》を示しているようだ。

ブックガイド⑩

千葉治平著

八郎潟――ある大干拓の記録

（講談社　1972年刊　四六判　286ページ）

本書は八郎潟干拓を批判的に捉えた初めての本である。著者は田沢村（現仙北市）出身の直木賞作家・千葉治平。千葉の干拓批判の視点は、何より大規模地域開発に対する疑問である。千葉はそれを「文明の問題」と呼んでいる（285ページ）。干拓開始から20年が過ぎ、「食糧対策から出発した干拓と新しい村づくりも、最後には減反という皮肉な結果となり、日本農業もまた重い苦悩を背負ってもだえているのが現状である。国土開発が産んだこの冷厳な事実を作品の世界に取り入れたい」と述べている（まえがき）。

第1章「水と人間」では、批判的視点から干拓計画の策定、反対運動の様子、漁業補償を巡る混乱などの歴史を振り返っている。千葉自身が現地で聞き取った手触り感のあるエピソードは印象的だが、文献資料を基にした部分にも驚くほど具体的な記述がある。

第2章「泥と人間」では、干拓工事中に起こったさまざまな出来事を紹介している。「汚れる海」「追われる八郎大蛇」「地震と津波」など興味深い出来事が記録された意義は大きい。

第3章「機械と人間」では、干拓完了から減反開始までの八郎潟内外の動きが千葉の批判の目を通して幅広く指摘されている。例えば次の個所。

「時の流れというのはなんと皮肉なものであろうか。八郎潟干拓が終わらないうちに、海を守れ、湖沼を守れ、漁業を守れの声が高まってきた」（268ページ）

「干拓は周辺地域の住民の心にも大きな影響を与えた。古いものは一掃され、調和のとれない新しいものばかりになった。反面犯罪も増えた。湖を失ったことによって人情が大きく変わった」（268〜269ページ）

千葉の干拓批判のもう一つの視点は、生まれ故郷の田沢湖が戦時中の国策によって玉川の強酸性水を導入した結果、魚の住めない「死の湖」になったという経験である。
いずれにしても、「環境」という意識のない1970年代初頭に書かれた本書には、八郎潟干拓、ひいては現代文明に対する批判の「芽」がさまざまな形で吹き出している。

ブックガイド⑪

佐野静代著

中近世の村落と水辺の環境史—景観・生業・資源管理

（吉川弘文館　2008年刊　A5判　348ページ）

干拓が終わって数十年が経過しても、全国の研究者によって新しい八郎潟の研究が発表され続けている。その中でも本書は近代以前の水辺村落の暮らしを「コモンズ」として再評価しようという注目すべき研究である。

コモンズとは「共有地」のことで、自然資源を地域共同体が共同所有・共同利用するという考え方を指す。近代以前の農山漁村で広く見られた「入会《いりあい》」だと思ってもらえればいい。近代化とともに自然資源の私有化が広がり、それが過剰な地域開発や資源利用を引き起こしたと批判されている。そうした批判を基に、持続可能な自然資源の利用法としてコモンズが注目を集めている。

著者の佐野氏のフィールドが近畿地方であるため本書の大半がそちらの事例になっているが、第2部第4章に八郎潟の調査結果が収載されている。タイトルは「『エコトーン』としての潟湖における生業活動と『コモンズ』─近世・近代の八郎潟の生態系と『里湖』の実像」である（291～327ページ）。

概要は以下の通り。八郎潟は海水と淡水が混ざり合う汽水湖（潟湖）だったため、植物プランクトンが豊富でそれが潟の甲殻類・水生昆虫・魚類の餌になって湖の豊かな生態系を支えていた。農漁民は水辺生態系（エコトーン）の恵みを魚類、鳥類、水生植物として多様な形で利用していた。また資源を持続的に利用するために共同体のルールが決められていた。里山と同じような資源利用の仕方があったことから、佐野氏は八郎潟を「里湖《さとうみ》」と呼ぶことを提案し、「潟湖という水辺の環境が人間活動とのバランスの上に保たれていたという事実は、今後の潟湖の保全についても、人間との適度な関わりが不可欠であることを示している」という重要な示唆を与えている（321ページ）。現在のような地域住民とのつながりを失った八郎湖のままでは、望ましい環境保全はできないという意味である。

本書は、過去のものだと思われていた干拓前の潟の暮らしが実は未来につながる価値のあるものだという発想の転換を促してくれる貴重な一冊である。

ブックガイド⑫

鈴木道雄（編集）、児玉英逸（写真）、小西一三（文）、小西由紀子（絵）

八郎潟　潟語り

（龍厳山自性院（自費出版）　2019年刊　220×200ミリ　207ページ）

八郎潟を知る住民の昔語りとイラストと当時の写真が合体した一冊の本が2019年に潟上市天王にある自性院の住職・鈴木道雄氏の編集によって出版された。もともとは自性院の寺報の連載記事として1982年から約25年間続いた原稿が基になっている。文章を小西一三氏、イラストを夫人の由紀子氏が担当してきた。連載が50回になった時、本にまとめる話が起こった。鈴木氏は地元の写真家・児玉英逸氏が所蔵する写真122枚を盛り込むことを発案して本書の形が出来上がった。

「潟語り」とは、八郎潟に関わりのあった人々が潟への思いを自由に語った記録のこと。漁師は漁を語り、鍛冶屋は漁具作りを語り、船大工は潟船作りを語り、佃煮屋は潟魚の佃煮について語る。一三氏の文章は語り手の人生や人となりが表れるように秋田弁をちりばめた話し言葉になっているから、語り手本人が目の前で語ってくれているような気持ちになる。親しみやすい由紀子氏のイラストがいっそう親近感を深めてくれる。一例として、「干拓前の河口」という京谷健一さんの語りを紹介しよう。

「この家のすぐ下。ほれ、あの松の木さ船をつないでいたんだ。小学校の頃は夏になれば川に入ってグンジ（ハゼ）踏み。砂底だからぬがらねがったし、グンジもカレイもいっぺいだ。足の裏で探してビクビク動けばそのままふんづげで、手でつかめる」（90ページ）

本書を通して感じるのは、八郎潟を語る人々の明るさと楽しい雰囲気だ。一三氏も「取材は実に楽しく、さまざまことを聞かせていただきました」と潟の話を聞く楽しさを語っている（207ページ）。本書の刊行に協力した石川久悦氏は「全ての人たちに共通していたのは潟への愛情で、読んでいて嬉しくなりました」と述べている（199ページ）が、この意見に私も同感だ。

本書に比肩する本といえば石田玲水の『八郎潟風土記』を思い出すが、『八郎潟風土記』が干拓事業を目前にした切実さの中で書かれたのに比べると、本書は干拓から60年以上が過ぎて、既に記憶の中にしか存在しない八郎潟をゆったりとした気持ちで讃え合っている点が違う。潟への愛情にあふれた本書が私たちの手に残されたことを喜びたい。

Ⅳ　八郎潟干拓年表

西暦	和暦	出来事
約2500年前		縄文時代晩期、海跡湖八郎潟誕生（秋田大学調査）。
1826年	文政9年	渡部斧松、八郎潟西岸（南秋田郡若美町）約30ヘクタールを干拓。
1854年	安政元年	渡部斧松、八郎潟疏水計画を樹立。
1872年	明治5年	4月28日、島義勇県令、八郎潟の干拓と築港を立案、6月11日、政府に建議、同24日、太政官大久保利通が島を免官。
1878年	11年	4～11月、英国測量技師ペリー、八郎潟から米代川、雄物川を調査する。
1880年	13年	1月、石田英吉県知事、八郎潟か船川の築港を伊藤博文内務卿に提案、採用されず。
1901年	34年	12月23日、建議書を武田千代三郎県知事に提出。翌年二月、同知事転出で計画立ち消え。
1913年	大正2年	南秋田郡飯田川町飯塚の小玉友吉、八郎潟東岸の干拓をはじめる。翌14年までに約70ヘクタールを干拓。
1922年	11年	5月、農商務省、可知貫一技師を干拓調査に派遣する。
1923年	12年	7月、可知技師「八郎潟土地利用計画」を作成。初の国営干拓構想をまとめる。同計画は関東大震災で流れる。
1941年	昭和16年	内務省、「八郎潟工業地帯造成計画」（金森案）を立案。農林省も「八郎潟干拓計画」（師岡案）を作る。ともに戦争遂行のため実現されず。

1945年	20年	10月、農林省が八郎潟干拓調査に乗り出すと発表。
1946年	21年	4月、農林省、干拓調査費1億2千万円（5カ年計画）を計上。 5月13日、八郎潟周辺13町村の漁協、住民が「八郎潟干拓反対同盟会」（児玉高道会長）設立。蓮池公咲県知事は、反対運動に手を焼き、調査費の予算を返上。
1948年	23年	農林省は再び「八郎潟干拓国営事業計画」（狩野案）を作成。地元民の反対と国内経済悪化でまたも見送り。
1951年	26年	松野仙台農地事務局長、八郎潟干拓調査を提唱。
1952年	27年	7月1日、農林省は秋田市に八郎潟干拓調査事務所（師岡政夫所長）を設置し干拓計画作成に着手。 8月28日、八郎潟干拓調査協議会を開催し、これまでの開発案を検討。 10月10日、県漁民大会において児玉鹿渡漁協組合長、干拓絶対反対を表明。
1953年	28年	2月9日、八郎潟周辺漁民が「八郎潟干拓反対同盟会」（児玉専太郎会長）を結成。 3月18日、周辺町村の長・議会議長・農協・漁協関係者で八郎潟総合開発審議委員会設置案を討議。漁協関係者、干拓反対を叫んで退場。 7月27日、周辺14町村の干拓賛成派が「八郎潟利用開発期成同盟会」（二田是儀会長）を結成。 8月1日、吉田茂首相、日蘭国交回復を図るため八郎潟干拓にオランダ技術者招致を保利茂農相に命じる。 8月11日、農林省は開墾建設課長をオランダに派遣、干拓技術協力を要請。
1954年	29年	1月12日、吉田首相と池田徳治県知事が会談。干拓反対の池田知事が、一転して賛成を唱える。

1955年	30年	
		1月29日、池田知事、吉田首相に30年度に干拓着工を要請。 4月7日、ヤンセンデルフト工科大学教授、ホルカー技師が八郎潟を視察。 5月15日、ヤンセン案決定。 5月18日、反対派は南秋田郡八郎潟町「一日市劇場」で総決起集会。ヤンセン案反対を決議。 6月25日、馬場目川地先の地盤調査、漁民の反対により中止。 7月、ヤンセンレポート「日本の干拓に関する所見」農林省に到着。 7月14日、秋田市日米文化会館で「八郎潟干拓協議会」が開かれ、賛否両派が論戦。結論を得られず。 8月20日、世界銀行第1次調査団が現地視察。警官隊が出動し反対派の動きを警戒。9月14日、同第2次調査団が現地調査。 3月、漁民代表30人、師岡所長の案内で京都府巨椋池、岡山県児島湾干拓地を視察して態度が軟化。 4月25日、反対同盟を解散し、賛成にまわる。同時に「八郎潟沿岸漁協連合会」(内田丹蔵会長)を結成し、漁業補償要求に乗り出す。 4月26日、ヘンドリク米国対外活動本部余剰農産物関係官、八郎潟を視察。 8月18日、米国対外活動本部マイヤー公使一行、干拓計画を調査。 9月8日、八郎潟沿岸農村青年3千人「八郎潟干拓推進青年連盟」(淡路竜会長)結成。 9月19日、秋田県、八郎潟干拓推進事務局を設置。

		10月3日、秋田県、八郎潟干拓推進委員会を設置。 11月4日、秋田県議会、八郎潟干拓促進委員会を設置。
1956年	31年	2月1日、小畑勇二郎県知事、一日市における漁民祭にて漁業補償対策等を説明。 2月16日、一日市地区漁民大会。 2月18日、山本地区漁民大会。 2月24日、湖南部及び男鹿地区漁民大会。 4月20日、農林省、八郎潟干拓企画室を設置。 4月22日、農林省とオランダのＮＥＤＥＣＯ（ネザーランド・エンジニアリング・コンサルタント）との間で技術援助契約を結ぶ。 5月1日、八郎潟漁業青年同盟会大会。 8月4日、八郎潟全漁民の漁具・漁網の一斉調査を実施。 9月30日、八郎潟漁業者全戸調査を実施。
1957年	32年	1月14日、予算復活折衝で、干拓工事の32年度着工、工事費5億6千万円の計上が決まる。 4月、八郎潟利用開発期成同盟会、農林省に漁業補償についての要望書を提出。 4月20日、特定土地改良工事特別会計により、八郎潟干拓に着工。 5月1日、農林省、秋田市に八郎潟干拓事務所（友宗忠雄所長）を設置。八郎潟調査事務所は閉鎖。総事業費195億円。工事期間32～38年度の7カ年。 8月7日、農林省、秋田県と漁業補償に関し懇談。

1958年

33年

8月23日、第1回漁業補償交渉。

9月24日、第2回漁業補償交渉。

10月31日、第3回漁業補償交渉。

12月6日、第4回漁業補償交渉。

12月18日、小畑知事、漁業補償につき農地局長と折衝。

12月26日、周辺25漁協3千人漁民との漁業補償16億9184万円で妥結（要求は30億1千万円）。

2月17日、秋田県、財産補償等につき八郎潟干拓事務所と折衝開始。

6月30日、権利補償金第1回配分。

7月29日、八郎潟利用開発期成同盟会、小畑知事に生活補償金配分案作成を依頼。

8月5日、試験堤防工事に着手（翌年4月25〜28日破壊実験を行い、堤防の基礎資料を集める）。

8月12日、財産補償等の交渉妥結。

8月16日、漁業関係財産補償交渉妥結。総額1億7900万円。

8月19日、権利補償金第2回配分。

8月20日、秋田市立体育館と男鹿市船越の八郎潟干拓工事前線基地で、八郎潟干拓事業起工式を行う。

12月、農林省と秋田県の間で、佃煮加工業者等への見舞金贈与決定。

12月、西部干拓地174ヘクタール干陸。

1959年	34年	1月9日、工事用石材採取の原石山（湖東部の筑紫岳）買収交渉妥結。6月から採石工事着手。 4月2日、財産補償配分。 4月7日、見舞金第1回贈与。 5月、中央干拓地堤防工事及び南部干拓地堤防工事に着手。 5月29日、見舞金第2回贈与。 6月25日、防潮水門工事に着手。 8月3日、農林省に八郎潟干拓事業企画委員会を設置。第1回企画委員会。 8月12日、漁業従事者補償金配分。 12月31日、南部干拓地第1工区191ヘクタール、第4工区119ヘクタール干陸。
1960年	35年	2月20日、西部干拓地増反土地配分通知書を配布。 4月17日、西部の鍬入れ式が行われる。5月5日作付開始。9月14日には稲刈りが行われる。 5月17日、八郎潟利用開発期成同盟会、補償金配分原案を承認。 5月18日、生活補償金配分。 5月23日、漁業補償の配分に不満な「漁業補償適正化同盟会」（石川定雄会長）の漁民らが、秋田市の県労働会館で2400万円の追加配分を要求して大会を開く。 5月30日、八郎潟漁業補償適正化同盟結成。 6月20日、八郎潟漁業補償非組合員連盟結成。

1961年	36年	7月24日、八郎潟海区指定解除。八郎潟海区漁業調整委員会廃止。 11月7日、漁業補償対策協議会結成。 3月31日、防潮水門完成。 4月、小畑知事、農林省に再配分調整金の交付を要請。 8月30日、八郎潟漁業権消滅。 12月21日、補償対策委員会、再配分の基本方針承認。
1962年	37年	3月、干拓工事に伴う漁場汚染が問題化。漁獲減収補償交渉は総額5630万円（36年度までの影響補償）を天王、船越、船川、脇本漁協に支払うことで妥結。 9月2日、船川水道改修工事に着手。地元の反対で中止。
1963年	38年	6月25日、38年度漁業減収補償交渉、5893万円で妥結。 10月6日、八郎潟利用開発期成同盟会、補償対策委員会の調整案を承認。 11月12日、中央干拓地の正面堤防締切り完成。中央干拓地の干陸開始。
1964年	39年	1月16日、船越水道改修工事再開。同22日、新船越水道（ショート・カット）貫通、通水開始。 5月7日、男鹿沖地震（震度4）で、中央堤防7・7キロメートルに亀裂と沈下が発生。 6月16日、新潟地震（震度4）で、新たに1キロメートルの堤防が崩れる。 7月13日、残存湖漁業コンサルタント、実地調査。 7月22日、中央干拓地に生まれる新しい村の名称を「大潟村」と選考決定。

		7月27日、八郎潟周辺市町村開発推進協議会設置。
		9月15日、中央干拓地干陸式。1万5870ヘクタールの中央干拓地のうち5千ヘクタールが湖底から姿をあらわす。
		10月1日、大潟村発足。役場は県庁内に設置。嶋貫隆之助氏が村長職務執行者となる。
		12月11日、男鹿沖地震（震度4）再発。西部承水路堤防が延長1キロメートルにわたり20センチ沈下する。
		12月23日、八郎潟残存湖漁業利用対策審議会設置。
1965年	40年	3月15日、第2回八郎潟残存湖漁業利用対策審議会。
		4月10日、八郎湖漁業調整規則公布。
		4月25日、八郎湖漁業調整規則施行。
		7月26日、中央干拓地干陸終了。
1966年	41年	3月1日、八郎湖増殖漁業協同組合設立。
1968年	43年	5月16日、十勝沖地震（震度4）で、正面堤防、東部、南部の堤防が沈下。
		9月12日、中央干拓地2千ヘクタールを周辺5町2076戸に増反配分する方針を決定。
1969年	44年	9月27日、農政審議会、減反政策を答申。第5次以降の入植募集棚上げ。大潟村でも減反を実施する。
1970年	45年	2月7日、米の減反、市町村に一率7・14％割り当て。大潟村の達成率は10％。

あとがき

八郎潟干拓は終わっていない。

本書を書き上げて、改めてこの気持ちを強く持った。確かに干拓工事は数十年前に終わっている。漁民への補償金支払いや干拓地の農地配分も、大混乱を引き起こしたものの手続きとしては完了している。

しかし、ヤンセン案に基づく干拓地の構造によって、八郎湖の富栄養化、陸水生態系の破壊、湖岸景観の消失、八郎潟に対する愛情の風化などの現在の問題が解決されないまま続いているという視点に立てば、「八郎潟干拓は終わっていない」という主張は十分に成り立つ。

実は、この考え方も「公害は終わっていない」という環境社会学の考え方にヒントを得たものである。一般的には公害は1970年代に各地で発生したが、今では既に終わっていると考えられている。しかし、存命中の公害被害者は今でも健康問題や経済問題を抱えているし、公害を引き起こした社会構造が変わらない限り、これからも新しい公害が起こる可能性はある。そういう意味で公害は終わっていないと考えるのである。

同じような問題は、2011年の東日本大震災の時に起こった東京電力福島第一原子力発電所の事故にも当てはまる。国や東京電力は「復興」の名の下に原発災害は終わったという流れを作ろうとしているが、それは原発災害の被害を封印し、記憶を風化させることと同じである。干拓、公害、原発。これらに共通するものがある。それは大都市から遠く、有力な産業がない地方で起こったということである。田沢村（現仙北市）出身の直木賞作家・千葉治平は八郎潟干拓の経緯を克明に記録した『八郎潟—ある大干拓の記録』（1972年）という本を書いたが、その最後に次の文章で締めくくっている（283〜284ページ）。

（大規模干拓事業が行われた）秋田、島根、鹿児島、佐賀、いずれも高度経済成長から見放され、県民一人当たりの所得が全国の下位を争う地方である。これらの地方では、貧しさからの解放や遅れた地域開発のあせりがかえって札つきの公害企業や観光企業を呼びよせ、美しい自然の宝をつぎつぎ破壊するという矛盾に追い込まれている。（中略）

今、国内の湖沼で、みずうみのいのちを純粋に保っているものは一つもない。十和田湖しかり、田沢湖しかり、八郎潟しかりである。

日本の自然美を代表するこれらの湖の運命は、他人事ではないのだ。

地域開発や経済的豊かさと引き換えに、美しい自然、伝統文化や地域を愛する心を次々に失ってきたのが戦後日本の歴史の一面だった。「物質的には豊かになったが、幸せとは感じられない」

という現代の日本人の心の空虚さは、人間と自然の間のつながりを風化させた結果ではないだろうか。

八郎潟干拓によって私たちは何を失ったのか。それをもう一度取り戻すべきではないのか。八郎潟干拓を過去の話に終わらせるのではなく、現在から未来の私たちの生き方につなぐ議論が始まることを願って本書を終えることにする。

２０２１年12月　秋田市内の自宅にて

谷口吉光

「八郎潟・八郎湖学叢書」 刊行に寄せて

干拓前、八郎潟と地域住民の間には密接な心のつながりと豊かな地域文化がありました。漁業を中心とした経済、潟の魚を食べる魚食文化、ヨシ原が広がる景観、八郎太郎伝説や子どもの遊びなどです。しかし、干拓によって周辺地域は八郎潟を奪われ、多くの人たちは八郎潟とともに生きていくことができなくなりました。

あれから 60 年、残された八郎湖は慢性的な水質悪化とアオコに悩まされています。干拓前 3000 人もいた漁師は 200 人を切りました。今の子供や若者の大部分は八郎湖に行くことも見ることもありません。このままでは潟の歴史や文化も八郎湖の存在すらも忘れられてしまうのではないか。そんな危機感を感じることもあります。

しかし、同時に、年配の世代を中心に今でも潟に思いを寄せる多くの人々がいるのも事実です。潟の魚介類を食べる食文化も受け継がれ、佃煮産業も継承されています。何より、面積は小さくなったとはいえ、現在でも八郎湖は存在し、厳しい環境の下でたくさんの生きものが生き続けています。

このような背景を踏まえ、秋田県立大学と秋田大学の教員および住民有志が中心となって、干拓前の「八郎潟」と干拓後の「八郎湖」を連続したものととらえ、その価値を学術的に再評価して社会に発信することが必要だと考えて、2018 年 3 月に「八郎潟・八郎湖学研究会」を立ち上げました。

この研究会の重要な活動のひとつに書物の刊行があります。八郎潟・八郎湖に関する歴史、自然、文化、民俗、産業などに関わる重要なテーマを取り上げ、関心を持った方々がすぐに手に入れて読んでいただけるようなコンパクトで読みやすい本のシリーズを刊行したい。それが「八郎潟・八郎湖学叢書」です。

この叢書がきっかけとなって、八郎潟・八郎湖の「これまで」と「これから」について考える方が増えることを心から願っています。

2019 年 4 月

八郎潟・八郎湖学研究会
会長　谷　口　吉　光

谷口　吉光（たにぐち・よしみつ）
社会学者、市民運動家。1956年東京生まれ。上智大学大学院文学研究科博士後期課程修了。秋田県立大学教授。専門は環境社会学、食と農の社会学。農・食・環境に関わる幅広い問題について、地域の人々と一緒に問題解決に取り組んでいる。八郎湖に関しては八郎潟・八郎湖学研究会会長やNPO法人はちろうプロジェクト副代表理事を務める。ほかに地産地消を進める会代表など。最近の著作に『「地域の食」を守り育てる－秋田発　地産地消運動の20年』（無明舎出版、2017年）、『食と農の社会学』（ミネルヴァ書房、共編著、2014年）など。

八郎潟・八郎湖学叢書②

八郎潟はなぜ干拓されたのか

さきがけブックレット④

著　　者　谷口　吉光
発 行 日　2022年3月18日　初版発行
　　　　　　　　7月5日　第2刷
　　　　　2023年9月1日　第3刷
編集・発行　株式会社秋田魁新報社
　　　　　〒010-8601 秋田市山王臨海町1－1
　　　　　Tel. 018(888)1859　Fax. 018(863)5353
定　　価　880円（本体800円＋税）
印刷・製本　秋田活版印刷株式会社

乱丁、落丁はお取り替えします。
ISBN978-4-87020-421-8　c0325　￥800E